བོད་ལྗོངས་ཉིང་ཁྲི་གྲོང་ཁྱེར་སྣང་རྫོང་གནམ་གཤིས་གནོད་འཚེ་འགོག་སྲུང་འཆར་འགོད

西藏林芝市朗县气象灾害防御规划

西藏林芝市朗县人民政府
西藏林芝市朗县气象局

内容简介

本书分析研究了朗县各类气象灾害的空间分布特征,从朗县气象灾害种类、存在的问题和面临的形势,总结了朗县各类气象灾害的防御现状;利用社会经济、人口、地理信息、气象灾害等数据对朗县气象灾害进行了风险区划、防御分区;依据朗县气象灾害的特点提出了防御气象灾害的指导思想、原则、目标及任务;最后阐述了气象灾害防御的管理,气象灾害调查评估、上报、评估流程以及气象灾害防御的保障措施。

本书可为气象灾害相关业务和科研人员,以及政府部门提供参考。

图书在版编目(CIP)数据

西藏林芝市朗县气象灾害防御规划 / 西藏林芝市朗县人民政府,西藏林芝市朗县气象局编. — 北京:气象出版社,2020.10

ISBN 978-7-5029-7305-6

Ⅰ.①西⋯ Ⅱ.①西⋯ ②西⋯ Ⅲ.①气象灾害-灾害防治-朗县 Ⅳ.①P429

中国版本图书馆 CIP 数据核字(2020)第 203177 号

西藏林芝市朗县气象灾害防御规划

Xizang Linzhi Shi Lang Xian Qixiang Zaihai Fangyu Guihua

出版发行:	气象出版社		
地　　址:	北京市海淀区中关村南大街 46 号	邮政编码:	100081
电　　话:	010-68407112(总编室)　010-68408042(发行部)		
网　　址:	http://www.qxcbs.com	E-mail:	qxcbs@cma.gov.cn
责任编辑:	王萃萃	终　　审:	吴晓鹏
责任校对:	张硕杰	责任技编:	赵相宁
封面设计:	楠竹文化		
印　　刷:	北京建宏印刷有限公司		
开　　本:	787 mm×1092 mm　1/16	印　　张:	6.5
字　　数:	162 千字		
版　　次:	2020 年 10 月第 1 版	印　　次:	2020 年 10 月第 1 次印刷
定　　价:	42.00 元		

本书如存在文字不清、漏印以及缺页、倒页、脱页等,请与本社发行部联系调换。

《西藏林芝市朗县气象灾害防御规划》编委会

主　任：胡文平

副主任：米玛顿珠　旺扎

委　员（按姓氏拼音顺序排列）：

次央（农业农村局）　次央（民政局）

次仁多吉　朗杰卓嘎　米玛旺堆

普布次仁　平措卓玛　伍国兵

杨莲　杨骐源

《西藏林芝市朗县气象灾害防御规划》编写组

主　编：旺杰　平措次仁

成　员（按姓氏拼音顺序排列）：

措姆　次珍　次仁多吉　达瓦扎西

拉姆次仁　琼啦

序

  在全球气候持续变暖的大背景下,朗县各类极端天气气候事件频繁发生,气象灾害造成的损失和影响不断加重,而气象灾害的突发性、反常性和不可预见性日益突出,极端天气气候事件加剧会给朗县经济社会发展、人民群众生活及生态环境带来严重的影响和损失。朗县的主要气象灾害有干旱、洪涝、霜冻、雷暴、冰雹、大风、暴雪等,以及因气象因素引发的衍生、次生灾害,这些灾害对农业、林业、水利、环境、能源、交通运输、通信等行业的影响越来越大,经济损失越来越严重。因此,加强气象防灾减灾工作,是经济社会又好又快发展必须重视和解决的重大现实问题,是保障人民生命财产安全必须重视和解决的民生问题,是促进人与自然和谐相处必须重视和解决的重大战略问题。

  《西藏林芝市朗县气象灾害防御规划》(以下简称《规划》)的编制以习近平新时代中国特色社会主义思想为指导,以《国家气象灾害防御规划》和《西藏自治区气象灾害防御规划》为依据,以气象灾害风险调查和区划为基础,以朗县多发、频发气象灾害的防御为重点,充分发挥政府各部门、基层组织、各企事业单位在防灾减灾中的作用,着力加强气象灾害监测预警、预报服务、风险管理、应急处置工作,建立健全"党委领导、政府主导、部门联动、社会参与"的气象灾害防御机制,提高全社会防灾减灾意识,提升气象防灾减灾综合能力,是一个基础性、科学性、前瞻性、实用性、可操作性均较强的成果,对朗县人民政府指导防灾减灾和经济生产、趋利避害、保障人民生命财产安全和社会和谐稳定具有重要参考价值。

《规划》凝聚着西藏自治区气象局、林芝市气象局、朗县气象局、朗县人民政府及县发展和改革委员会、民政局、农业农村局、水利局、交通运输局、自然资源局、文化和旅游局、统计局等单位有关领导和专家的心血与汗水，在此，谨向参与《规划》编制的同志们表示衷心的感谢！

旦增[*]

2020 年 6 月 10 日

---

[*] 旦增，西藏林芝市气象局副局长，高级工程师。

前 言

朗县,藏语意为"光明、显现",地处林芝市西南部,位于28°40′—29°29′N,92°28′—93°31′E,雅鲁藏布江穿境而过,东与米林县相邻,南与山南市隆子县接壤,西与加查、曲松县近靠,北与工布江达县毗连,地域面积近4200平方千米,平均海拔3700米,下辖三镇三乡,52个行政村(居),总人数1.9万人,是藏族、汉族、回族、珞巴族、门巴族、蒙古族等多民族聚居区。

朗县属于高原温带季风半湿润气候区。年平均降水量318.6毫米,最多年降水量为403.0毫米,最少年降水量为200.3毫米,日最大降水量为50.9毫米。年平均气温11.5℃,历年极端最高气温为32.4℃,历年极端最低气温为-12.9℃。

朗县自然资源丰富,主要有高山松、落叶松、冷杉、圆柏、巨柏等林木树种,有核桃、苹果等经济林木,有牦牛、黄牛、马、羊等畜种,有猕猴、黑熊等多种野生动物,有铬、铁、铅、锌、沙金等矿藏,有虫草、贝母、红景天等名贵药材,有巴尔曲德寺(朋仁曲德寺)、烈山墓地(烈山古墓)、朗敦庄园、冲康庄园景区、千年核桃林、嘎贡沟景区、拉多藏湖、工字荣(弄)原始森林等人文自然旅游资源。朗县辣椒、巴尔曲德寺藏香、苏卡药香等特色产品享誉区内外。

《西藏林芝市朗县气象灾害防御规划》中所指的气象灾害主要包括干旱、洪涝、霜冻、雷暴、冰雹、大风、暴雪等所造成的灾害,以及由气象因素引发的衍生、次生灾害,包括农牧业气象灾害、林业气象灾害、水文气象灾害、交通气象灾害、电力气象灾害等。

为进一步加强朗县气象灾害的科学预测和预防,加快朗县气象防灾减灾体系建设,强化防灾减灾和应对气候变化能力,指导乡镇人民政府实施本行政区域气象灾害防御,最大限度减少气象灾害造成的损失,以《国家气象灾害防御规划》《西藏自治区气象灾害防御规划》为指导,科学编制《西藏林芝市朗县气象灾害防御规划》具有重要的现实意义。

《西藏林芝市朗县气象灾害防御规划》(以下简称《规划》)是气象灾害防御工程性和非工程性设施建设以及城乡规划、重点项目建设的重要依据,也是全社会防灾减灾的科学指南。通过《规划》的实施,推动全区经济社会发展再上新台阶,为全面建设惠及全区人民的小康社会提供保障。

本《规划》适用于朗县行政区域内气象灾害防御,适用期限为2019—2029年,其中规划基准年为2019年,近期适用期限为2019—2020年,远期适用期限为2019—2029年。

《西藏林芝市朗县气象灾害防御规划》编委会

2020 年 7 月

目 录

序
前言

第 1 章 总则 (1)
1.1 规划的目的和意义 (1)
1.2 编制依据 (2)
1.2.1 法律、法规 (2)
1.2.2 重要文件 (2)
1.2.3 相关资料及规划 (2)
1.3 适用范围与期限 (3)
1.4 指导思想 (3)
1.5 基本原则 (3)
1.6 目标和任务 (4)
1.6.1 目标 (4)
1.6.2 任务 (5)

第 2 章 概述 (8)
2.1 自然环境 (8)
2.1.1 地理位置 (8)
2.1.2 地形地貌特征 (9)
2.1.3 地质构造特征 (9)
2.1.4 河流水系 (10)
2.1.5 覆被状况与土地利用 (11)
2.1.6 气候概况 (12)
2.2 综合经济概况 (13)

第 3 章 气象灾害特征及风险区划 (20)
3.1 数据资料 (20)

3.1.1　气象资料 …………………………………………………………… (20)
3.1.2　社会经济资料 ……………………………………………………… (20)
3.1.3　地理信息资料 ……………………………………………………… (20)
3.2　气象灾害风险基本概念及其内涵 ………………………………………… (20)
3.3　气象灾害风险区划的原则和方法 ………………………………………… (21)
3.3.1　灾害风险形成机制 …………………………………………………… (21)
3.3.2　气象灾害风险评估的概念框架 ……………………………………… (22)
3.3.3　气象灾害风险区划技术流程 ………………………………………… (22)
3.3.4　孕灾环境敏感性区划 ………………………………………………… (23)
3.3.5　致灾因子危险性区划 ………………………………………………… (25)
3.3.6　承灾体易损性区划 …………………………………………………… (25)
3.3.7　防灾抗灾能力区划 …………………………………………………… (25)
3.4　分灾种的气象灾害风险区划 ……………………………………………… (26)
3.4.1　干旱 …………………………………………………………………… (26)
3.4.2　暴雨洪涝 ……………………………………………………………… (28)
3.4.3　霜冻 …………………………………………………………………… (29)
3.4.4　大风 …………………………………………………………………… (30)
3.4.5　雪灾 …………………………………………………………………… (31)

第4章　农作物种植气候适宜性区划 ……………………………………… (34)
4.1　冬小麦 ……………………………………………………………………… (34)
4.1.1　指标 …………………………………………………………………… (34)
4.1.2　冬小麦适宜种植区分布特征 ………………………………………… (34)
4.2　青稞 ………………………………………………………………………… (35)
4.2.1　指标 …………………………………………………………………… (35)
4.2.2　青稞适宜种植区分布特征 …………………………………………… (35)
4.3　油菜 ………………………………………………………………………… (36)
4.3.1　指标 …………………………………………………………………… (36)
4.3.2　油菜适宜种植区分布特征 …………………………………………… (37)

第5章　气象灾害防御现状 ………………………………………………… (38)
5.1　工程类气象灾害防御现状 ………………………………………………… (38)
5.1.1　朗县防洪堤工程现状 ………………………………………………… (38)
5.1.2　朗县灌溉干渠工程现状 ……………………………………………… (38)

5.1.3　朗县地质灾害防治工程现状 …………………………………… (38)
　　5.1.4　防雷工程现状 ………………………………………………… (39)
　　5.1.5　气象灾害监测网现状 ………………………………………… (39)
5.2　非工程类气象灾害防御现状 ………………………………………… (39)
　　5.2.1　气象灾害管理体制、机制和法制建设取得重要进展 ……… (39)
　　5.2.2　气象灾害监测预警预报体系初步建成 ……………………… (40)
　　5.2.3　气象灾害预警预报信息传播手段不断增多 ………………… (40)
　　5.2.4　科普宣传和部门交流合作机制初步形成 …………………… (41)
5.3　主要问题和面临形势 ………………………………………………… (41)
　　5.3.1　主要问题 ……………………………………………………… (41)
　　5.3.2　面临的形势 …………………………………………………… (42)

第6章　气象灾害防御措施 …………………………………………… (43)
6.1　非工程性措施 ………………………………………………………… (43)
　　6.1.1　防灾减灾指挥系统 …………………………………………… (43)
　　6.1.2　灾害监测系统 ………………………………………………… (45)
　　6.1.3　预报预测预警系统 …………………………………………… (45)
　　6.1.4　综合信息发布平台 …………………………………………… (45)
　　6.1.5　防灾科普教育工程 …………………………………………… (46)
6.2　工程性措施 …………………………………………………………… (46)
　　6.2.1　防汛抗旱工程 ………………………………………………… (46)
　　6.2.2　城市防洪工程 ………………………………………………… (46)
　　6.2.3　人工影响天气工程 …………………………………………… (46)
　　6.2.4　防雷工程 ……………………………………………………… (47)
　　6.2.5　应急避险工程 ………………………………………………… (47)
　　6.2.6　信息网络工程 ………………………………………………… (47)
　　6.2.7　应急保障工程 ………………………………………………… (47)
6.3　分灾种的气象灾害防御措施 ………………………………………… (48)
　　6.3.1　干旱防御措施 ………………………………………………… (48)
　　6.3.2　强降雨洪涝防御措施 ………………………………………… (48)
　　6.3.3　霜冻防御措施 ………………………………………………… (49)
　　6.3.4　雪灾防御措施 ………………………………………………… (49)
　　6.3.5　雷电防御措施 ………………………………………………… (49)

  6.3.6 冰雹防御措施 ………………………………………………… (49)
  6.3.7 大风防御措施 ………………………………………………… (50)
  6.3.8 地质灾害防御措施 …………………………………………… (50)
  6.3.9 森林火灾防御措施 …………………………………………… (50)

第7章 气象灾害防御管理 ……………………………………………… (52)
 7.1 气象灾害防御管理组织体系 ……………………………………… (52)
  7.1.1 组织机构 ……………………………………………………… (52)
  7.1.2 工作机制 ……………………………………………………… (52)
  7.1.3 队伍建设 ……………………………………………………… (52)
 7.2 气象灾害防御制度 ………………………………………………… (53)
  7.2.1 风险评估制度 ………………………………………………… (53)
  7.2.2 部门联动制度 ………………………………………………… (53)
  7.2.3 应急准备认证制度 …………………………………………… (53)
  7.2.4 目击报告制度 ………………………………………………… (54)
  7.2.5 气候可行性论证制度 ………………………………………… (54)
 7.3 气象灾害应急预案 ………………………………………………… (54)
  7.3.1 组织方式 ……………………………………………………… (54)
  7.3.2 应急流程 ……………………………………………………… (54)
 7.4 气象灾害防御科普宣传教育与培训 ……………………………… (55)
  7.4.1 气象灾害防御科普宣传教育 ………………………………… (55)
  7.4.2 气象灾害防御培训 …………………………………………… (55)

第8章 气象灾害调查评估、救灾与重建 ………………………………… (57)
 8.1 灾害调查与评估 …………………………………………………… (57)
  8.1.1 气象灾害的调查 ……………………………………………… (57)
  8.1.2 气象灾害的评估 ……………………………………………… (57)
 8.2 救灾与恢复重建 …………………………………………………… (58)
  8.2.1 救灾 …………………………………………………………… (58)
  8.2.2 恢复重建 ……………………………………………………… (58)

第9章 气象灾害防御的保障措施 ……………………………………… (59)
 9.1 加强领导精心组织 ………………………………………………… (59)
 9.2 健全投入机制 ……………………………………………………… (59)
 9.3 出台各部门合作联动机制 ………………………………………… (60)

9.4 加强气象行政管理 …………………………………………………… (60)
9.5 提高防灾意识 ………………………………………………………… (60)

附录 A　朗县气象灾害纪实 ……………………………………………… (61)
　A.1 洪涝 …………………………………………………………………… (61)
　A.2 干旱 …………………………………………………………………… (62)
　A.3 冰雹 …………………………………………………………………… (62)
　A.4 雪灾 …………………………………………………………………… (63)
　A.5 雷击火灾 ……………………………………………………………… (63)
　A.6 地质灾害 ……………………………………………………………… (63)
　A.7 火灾 …………………………………………………………………… (65)
　A.8 病虫害 ………………………………………………………………… (66)

附录 B　气象常用知识 …………………………………………………… (67)
　B.1 常用气象科学名词 …………………………………………………… (67)
　B.2 人工影响天气 ………………………………………………………… (80)
　B.3 二十四节气 …………………………………………………………… (82)
　B.4 气象常用公式换算和数据 …………………………………………… (84)

第 1 章 总 则

1.1 规划的目的和意义

防御气象灾害是公共安全的重要组成部分,是政府履行社会管理和公共服务职能的重要体现,是重要的基础性公益事业。气象灾害防御规划,是气象灾害防御工程性和非工程性设施建设及城乡规划、重点项目建设的重要依据,也是全社会防灾减灾的科学指南。在全球气候持续变暖的大背景下,各类极端天气气候事件更加频繁,气象灾害造成的损失和影响不断加重,气象灾害的突发性、反常性和不可预见性日益突出,严重威胁人民群众生命财产安全,给国家和社会造成巨大损失。朗县受雅鲁藏布江峡谷小气候的影响,属高原温带半干旱型气候带,夏无酷热、冬无严寒、夏秋多雨、春冬干旱多风,垂直气候复杂多变、自然灾害较频繁、生态环境十分脆弱。2010—2018年年平均降水量318.6毫米,最多年降水量为403毫米,最少年降水量为200.3毫米,日最大降水量为50.9毫米(2015年3月28日)。年平均气温11.5℃,历年极端最高气温为32.4℃(2010年7月14日);历年极端最低气温为-12.9℃(2012年1月15日)。由于特殊的地理环境,导致朗县自然灾害频繁发生,且种类繁多,如:洪涝、干旱、雪灾、霜冻、冰雹、雷电、大风等,气象灾害损失占所有自然灾害总损失的70%以上,气象灾害造成的损失和影响不断加重,各类极端天气气候事件更加频繁,由原生灾害引发的山体滑坡、泥石流、雪崩、农业病虫害等次生灾害频繁发生,对朗县经济社会发展、人民群众生活及生态环境构成很大威胁。为了进一步强化防灾减灾和应对气候变化能力,明确本地主要气象灾害的特点和防御重点,制定本地气象防灾减灾工作的指导思想、目标、主要任务和保障措施,指导未来十年地方气象防灾减灾工作,将气象灾害防御从过去分散的、被动应急的状况,转变为政府的日常管理工作序列,逐步建立完善的气象防灾减灾体系,统筹防御各类气象灾害,提升气象防灾减灾综合能力,为全面建设小康社会和构建社会主义和谐社会提供优质服务,为政府实施抢险救火、保护人民生命安全提供科学依据,根据《国家气象灾害防御规划》指导意见,特编制《西藏林芝市朗县气象灾害防御规划》。

1.2　编制依据

1.2.1　法律、法规

以《中华人民共和国气象法》《中华人民共和国突发事件应对法》《中华人民共和国防洪法》《中华人民共和国水法》《中华人民共和国防沙治沙法》《中华人民共和国防汛条例》《地质灾害防治条例》《人工影响天气管理条例》《气象灾害防御条例》《国家突发公共事件总体应急预案》和《西藏自治区气象条例》《西藏自治区自然灾害救助应急预案》《西藏自治区防雷减灾管理办法》《西藏自治区人工影响天气管理办法》《西藏自治区地质灾害防治管理暂行办法》《西藏自治区气象灾害应急预案》《西藏自治区气象灾害防御办法》《林芝市气象灾害应急预案》等法律、法规为依据。

1.2.2　重要文件

《西藏林芝市朗县气象灾害防御规划》编制依据的重要文件有:"中央第六次西藏工作座谈会精神"《国务院关于加快气象事业发展的若干意见》《国务院办公厅关于进一步加强气象灾害防御工作的意见》以及《西藏自治区"十三五"时期国民经济和社会发展规划纲要》《西藏自治区人民政府关于加快气象事业发展的若干意见》《西藏自治区人民政府关于贯彻国务院办公厅关于进一步加强气象灾害防御工作意见的实施意见》"全国气象部门第六次西藏工作会议精神"《中国气象局关于推动西藏气象事业又好又快发展的意见》《西藏自治区气象局关于组织开展县级气象灾害防御规划编制工作的通知》《西藏自治区人民政府办公厅关于落实县级气象防灾减灾政府管理职能的通知》等。

1.2.3　相关资料及规划

《西藏林芝市朗县气象灾害防御规划》编制依据的相关资料及规划有《全国中小河流治理和病险水库除险加固、山洪地质灾害防治、易灾地区生态环境综合治理总体规划(征求意见稿)》《西藏自治区"十三五"时期国民经济和社会发展纲要》《西藏自治区中长期科学和技术发展规划纲要》《西藏自治区水利发展"十三五"规划》《西藏自治区重点地区中小河流治理规划》《"十三五"西藏气象基础能力建设项目建议书》《"十三五"西藏气象重点工程建设项目建议书》《林芝市"十三五"时期国民经济和社会发展纲要》《朗县"十三五"时期国民经济和社会发展规划纲要》《西藏自治区林芝市朗县地质灾害防治规划及县志(2015年)》。《西藏林芝市朗县气象灾害防御规划》以上述法规、文件和规划为依据,以《国家气象灾害防御规划》《西藏自治区气象灾害防御规划》和《林芝气象与防灾减灾》为指导,结合朗县当地的实际情况,编制《西藏林芝市朗县气象灾害防御规划》(以下简称《规划》)。

1.3 适用范围与期限

《规划》适用范围:本《规划》是朗县气象灾害防御工作的指导性文件,适用于西藏林芝市朗县区域内。

规划期限:规划期为2019—2029年,规划基准年为2019年。

1.4 指导思想

高举中国特色社会主义伟大旗帜,全面贯彻党的十九大精神和中央第六次西藏工作座谈会精神,以马克思列宁主义、毛泽东思想、邓小平理论、"三个代表"重要思想、科学发展观、习近平新时代中国特色社会主义思想为指导,深入贯彻习近平总书记系列重要讲话精神,特别是"治国必治边、治边先稳藏"的重要论述,坚持以"四个全面"战略布局为统领,统筹人与自然和谐发展;以气象灾害风险调查和县划为基础,以地方多发、频发气象灾害的防御为重点,以监测预防为主要手段,以确保人员安全、最大限度地减少经济损失、保障社会稳定为主要目的,建立健全"党委领导、政府主导、部门联动、社会参与"的气象灾害防御机制,综合运用行政、法律、科技、市场等多种手段,着力加强气象灾害监测预警、预报服务、应对准备、应急处置工作,提高全社会防灾减灾意识,建立健全综合减灾管理体制和运行机制,逐步完善灾害防御体系,全面提高气象灾害防御能力,趋利避害,保障人民生命财产安全、经济发展和社会和谐稳定。

1.5 基本原则

坚持以人为本,趋利避害 坚持把保障人民生命财产安全放在首位,完善紧急救助机制,最大限度地降低气象灾害对人民生命财产造成的损失。改善人民生存环境,加强气象灾害防御知识普及教育,实现人与自然和谐共处。

坚持预防为主,防抗结合　立足于预防为主,防、抗、救并举,非工程性措施与工程性措施相结合。充分利用各部门、各行业减灾资源,扎实推进减灾工作由减轻灾害损失向减轻灾害风险转变,积极探索减轻气象次生灾害的有效途径,全面提高综合减灾能力和风险管理水平。

坚持统筹规划,突出重点　实行"统一规划、突出重点、分步实施、整体推进"的原则,采取因地制宜的防御措施,按轻重缓急推进区域防御,逐步完善防灾减灾体系。集中资金,合理配置各种减灾资源,减灾与兴利并举,优先安排气象灾害防御基础性工程,加强重大气象灾害易发区的综合治理,做到近期与长期结合、局部与整体兼顾。

坚持依法防灾,科学应对　要遵循国家和西藏自治区的有关法律、法规及规划,并依托科技进步与创新,加强防灾减灾的基础和应用科学研究,提高科技减灾水平。经济社会发展规划以及工程建设应当科学合理避灾,气象灾害防御工程的标准应当进行科学的论证,防灾救灾方案和措施应当科学有效。

1.6　目标和任务

提高气象灾害监测、预警、评估及其信息发布能力,健全气象灾害防御方案,增强全社会气象灾害防御意识和知识水平,完善"党委领导、政府主导、部门联动、社会参与"的气象灾害防御工作机制和"功能齐全、科学高效、覆盖城乡"的气象防灾减灾体系,建设一批对国计民生具有基础性、全局性及关键性作用的气象灾害防御工程,减轻各种气象灾害对经济社会发展的影响。与"十三五"期间相比,到规划期末,气象灾害造成的人员伤亡率明显减少,气象灾害造成的经济损失占国内生产总值的比例降低到一定程度。

1.6.1　目标

(1)总体目标　建立和完善气象灾害监测、预警、调查评估和应急救助指挥体系,建成结构完善、功能先进、软硬结合、以防为主和政府领导、部门协作、配合有力、保障到位的气象防灾减灾体系,健全气象灾害防御管理体系,建立比较完善的气象灾害防御工作运行机制,促成一批对经济社会具有基础性、全局性、关键性作用的气象灾害防御工程,提高全民气象灾害防御意识和知识水平,减轻各种气灾害对经济社会的影响,使气象灾害造成的直接经济损失率显著下降。

(2)近期目标(2019—2020 年) 统计各种气象灾害的影响范围、发生频率、危害程度;绘制气象灾害分布图;分析总结各种气象灾害的成因;搜集整理防御和减轻各种气象灾害的方法和措施;建立和完善气象灾害监测、预警、应急体系;建立气象灾害风险性评估机制,开展气象灾害风险评估;制定防御和减轻各种气象灾害的建议和方案;初步建成气象灾害重点防御区非工程性措施与工程性措施相结合的综合气象防灾减灾体系;灾害发生 24 小时之内,保证灾民得到食物、饮用水、衣物、医疗卫生救援、临时住所等方面的基本生活救助;突发气象灾害预警准确率明显提高;85%的城乡社区建立减灾救灾志愿者队伍,95%以上城乡社区至少有 3 名气象信息员,公众减灾知识普及率明显提高;加强气象信息接收设施建设,大力推进"双联户",深入推广网格化管理模式,信息覆盖率达 90%;总体上减轻各种气象灾害的损失。

(3)远期目标(2019—2029 年) 按照朗县经济社会发展总体规划、任务和要求,加速气象防灾减灾工程和非工程体系的建设。建成气象多灾种预报预警系统;加大气象灾害易发区域的工程治理力度;实施重点水利工程;建设完善城区、乡镇、村级防洪工程,提高防洪标准;中心城市、经济开发区防洪工程按 50 年一遇标准建设;提升主要中心城镇和重点农业园区防洪排涝建设能力,按 30 年一遇防洪、20 年一遇排涝的标准完善配套;重点实施中小河流和山洪沟治理、冰湖治理工程,达到 30 年一遇的防洪标准;在多灾易灾的城镇和城乡社区普遍建立避难场所,灾害损毁民房恢复重建普遍达到规定的设防水平,各类防汛防旱、城市防洪、交通防灾等工程性建设基本适应建设小康社会发展的要求,进一步推动气象防灾减灾事业的全面发展,使气象灾害造成的直接经济损失率显著下降,人员伤亡明显减少。到 2027 年,气象灾害监测率达到 95%以上,气象灾害预警信息的公众覆盖率达到 100%以上。

1.6.2 任务

(1)加强灾害监测预警预报能力建设

提高气象灾害综合探测能力,提升灾害性天气监测水平 在完善现有监测站网的基础上,增加监测密度。建立结构合理、布局适当、功能齐备的气象灾害综合探测、立体监测体系。

完善气象灾害信息网络 充分利用各有关部门的基础地理信息、经济社会专题信息和灾害信息,构建气象灾害预报预警共享平台,加强对灾害信息的分析、处理和应用。

提高气象灾害预警能力　推进监测预警基础设施的综合运用与集成开发,加强预警预报模型、模式和高新技术运用,完善灾害预警预报决策支持系统,发展精细化气象预报业务和公共气象服务平台。

加强气象灾害预警信息发布　建立健全灾害预警预报信息发布机制,充分利用各类传播方式,准确、及时发布灾害预警预报信息,显著提升气象灾害监测、预警能力。

(2)加强气象灾害风险评估能力建设

加强气象灾害风险调查和隐患排查　建立以社区、乡村为基础的气象灾害风险调查收集网络,开展气象灾害风险隐患排查,建立气象灾害风险数据库,分灾种编制气象灾害风险区划图;组织开展基础设施、建筑物等防御气象灾害的能力普查,编制承灾体脆弱性区划;完善灾情统计标准,建立灾情统计体系,建成灾情上报系统,健全灾情信息快报、核报工作机制。

建立气象灾害风险评估和气候可行性论证制度　建立重大工程建设的气象灾害风险评估制度,研究制定综合评估气象灾害危险性、承灾体脆弱性和气象灾害风险评估的方法和模型、风险等级标准和风险区划工作规范,开展气象灾害风险区划和评估,将气象灾害风险评估纳入工程建设项目行政审批的重要内容,确保在城乡规划编制和工程立项中充分考虑气象灾害的风险性,避免和减少气象灾害的影响。

加强气候变化影响评估　开展气候变化事实及演变规律的监测分析,加强全球气候变暖背景下,朗县区域内气象灾害发生和发展规律研究,开展气候变化对极端气象灾害事件,以及对经济、社会、国防、能源、水资源、生态环境等的影响评估和应对措施研究;建立集气候变化监测、预测、影响评估、应对为一体的气候变化业务。

(3)加强气象灾害综合防范能力建设

制定并实施气象灾害防御方案　依据气象灾害特点及其风险区划,针对各类气象灾害,组织编制防御方案,明确气象灾害政府行政管理体制、各部门的防御职责和联动机制、气象灾害防御重点和防御措施等事项,完善气象灾害防御组织领导体系和应急救援组织体系,形成政府领导、部门联动、社会参与、功能齐全、科学高效、覆盖城乡气象灾害综合防御体系。各有关部门要按照气象灾害防御方案的有关要求,编制气象灾害防御分方案,进一步分解任务、明确目标、细化责任。建立气象灾害防御综合效益评估机制,及时分析总结气象灾害防御工作中的新问题,不断修订、补充和完善气象灾害防御方案。

加强气象灾害防御科普宣传教育工作　扩展气象科普基地,广泛开展全社会气象灾害防御知识的宣传,将气象灾害防御知识纳入"三农"气象服务中,加强对全民特别是农牧民、中小学生等防灾减灾知识和防灾技能的宣传教育。定期组织气象灾害防御演练,组织专家和业务人员到县、乡镇、中小学等通过咨询、讲座、发放传单等形式开展气象科普宣传,充分发挥乡村气象信息员的作用,提高全社会气象灾害防御意识和避险防灾能力。

(4) 加强气象灾害应急处置能力建设

完善气象灾害应急预案　各有关部门组织制定各类气象灾害的应急预案,明确气象灾害的等级划分、气象灾害的监测预警和信息发布、应急救援的启动和终止规程、紧急避难场所和转移路线、气象灾害应急救援组织体系、各部门职责和联动机制、应急处置措施等事项,基本形成纵向到底、横向到边的气象灾害应急预案体系,形成科学决策、统一指挥、分级管理、反应灵敏、协调有序、运转高效的气象灾害应急救援体系。开展应急演练,促进各单位的协调配合和职责落实。加强应急预案的动态管理,适时对预案进行修订和更新。

提高气象灾害应急处置能力　加强气象灾害应急处置能力建设,建立健全各相关部门紧密协同联动的管理体制和运行机制,加强气象灾害防御信息跨部门共享和协作联动。加强人工影响天气作业能力建设,提高对干旱、冰雹、森林火灾等灾害的人工影响天气应急作业水平。充分利用已有的救灾抢险物资储备库,加强救灾应急救援物资储备,加强应急救援装备、设施、避难场所的建设和统筹管理。发展和壮大气象减灾志愿者及信息员队伍。建立和完善气象灾害防御社会动员机制,充分发挥群众团体、民间组织、基层自治组织和公民在气象灾害防御、紧急救援、救灾捐赠、医疗救助、卫生防疫、恢复重建、灾后心理疏导等方面的作用。

提高基层气象灾害综合防御能力　充分发挥社区、乡镇在气象防灾减灾能力建设方面的基础作用。加强气象灾害应急准备工作检查,对基层气象防灾减灾基础设施进行评估,促进基层气象灾害应急准备规范化和社会化。建立社区、乡镇气象信息服务站,确保及时接收气象灾害预警信息并向责任区内的群众传递,按照防御方案和应急预案,正确防御气象灾害。加强城乡社区居民家庭防灾减灾准备,建立应急状态下社区弱势群体保护机制。面向社区、乡镇开展气象灾害防御远程培训、集中培训和应急演练相结合的综合培训。

第 2 章 概 述

2.1 自然环境

2.1.1 地理位置

西藏自治区朗县位于林芝市西南部，92°28′—93°31′E，28°40′—29°29′N 之间，地处喜马拉雅山北麓，东与米林县相邻，南与山南市隆子县接壤，西与加查、曲松县近靠，北与工布江达县毗连，地域面积 4200 千米^2，雅鲁藏布江穿境而过。

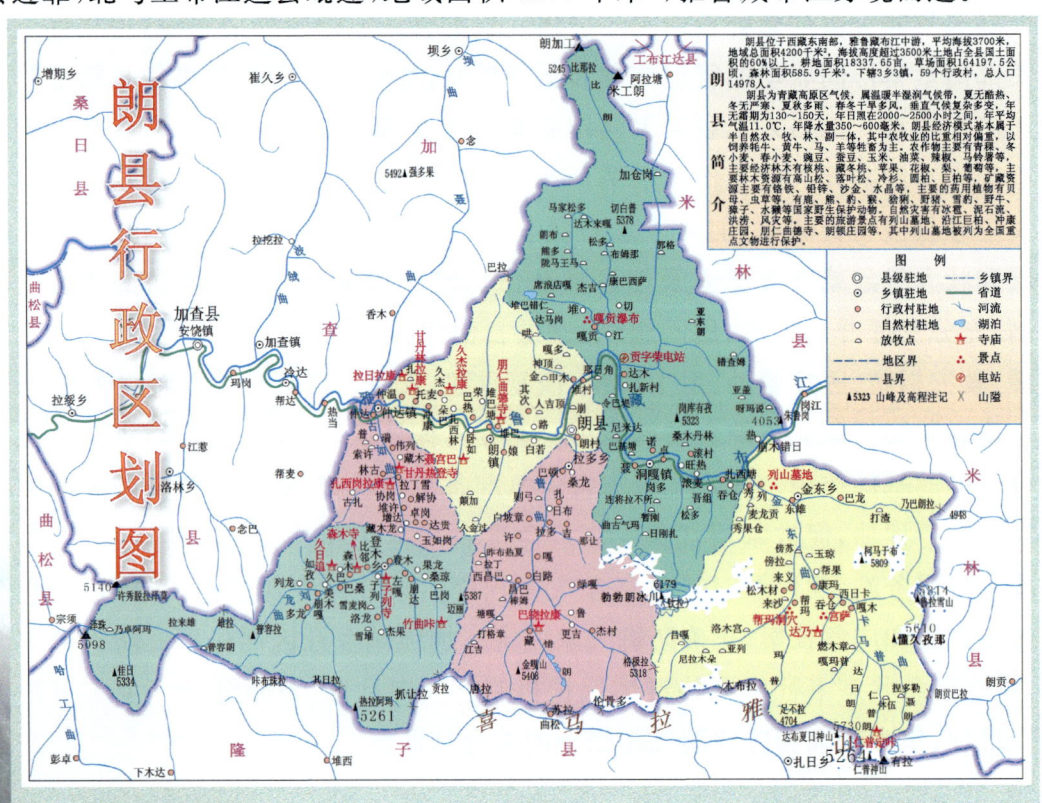

图 2-1 林芝市朗县区划图

朗县政府所驻地朗村,距西藏自治区首府拉萨 420 千米,距林芝市行署所在地八一镇 242 千米。

"朗",意为"光明、显现、吉祥"。清代汉文档案中曾译名"囊""朗营"等。朗县由于金东乡靠近山南市隆子县的玉麦乡,由于传统习惯上玉麦乡属于朗县管辖,加之玉麦乡人口较少,为便于管理,西藏自治区将朗县划为二十一个边境县之一。

朗县平均海拔 3700 米,年平均气温 11.5℃,年降雨量 350～600 毫米,无霜期为 130～170 天,夏无酷热,冬无严寒,日照充足,年均日照达 2000～2500 小时,主要自然灾害有冰雹、泥石流、洪涝、地震等。

朗县基本属自然半自然农、牧、林、副一体经济,其中农牧业的比重相对较大。至 2019 年底,全县有耕地 2.26 万亩*,主要农作物有小麦、青稞、豆类、油菜、辣椒、马铃薯等;草场面积 164132.24 公顷,主要牲畜有牦牛、犏牛、黄牛、马、羊等,牲畜存栏总数 63115 头(只、匹),肉类产量 228 万公斤**,酥油产量 42 万斤;林地面积 172996 公顷,其中森林面积 58590 公顷,占林地面积的 34%。主要林木种类有高山松、落叶松、冷杉、圆柏、巨柏等。经济林木有核桃、藏冬桃、苹果、花椒、梨、葡萄等,国家保护野生动物有鹿、野猪等,名贵药材有虫草、贝母、蛤蚧等,主要矿产资源有铬铁、铅锌、沙金、水晶等,有藏香、辣椒等特色产业。

2.1.2 地形地貌特征

朗县境内属藏东南高原河谷地貌。雅鲁藏布江在县境中部自西向东穿过,将全县划分为南北两大部分,南部属喜马拉雅山脉北麓,最高海拔 6157.9 米;北部系郭喀拉日居南麓,最高海拔 5572.0 米,南北两山组成一个巨大"V"型谷地。县境内最高峰为拉多乡、金东乡、洞嘎镇交界处的钦拉山,海拔 6179.0 米,最低处为雅鲁藏布江流入米林县的江面,海拔约 3016 米,高差达 3163 米,是典型的高原高山峡谷地貌带。

境内群山起伏,河流众多,河流总长度达 74.2 万米,平均每平方千米的河流长度 177.3 米。地表在河流切割和地质构造的共同作用下,发育成各种地貌类型。县境内地貌可划分为高山冰蚀——冰碛地貌,高山流水切割构造地貌,河流阶地堆积地貌以及风沙地貌。

2.1.3 地质构造特征

朗县大致以雅鲁藏布江为界,县境内的地壳分为南北两部分,北部属冈底斯

---

* 1 亩≈666.7 米²;** 1 公斤=1 千克。

陆块,南部属雅鲁藏布江板块结合带。

朗县内的主干构造为近东西向的朗县断裂和登木乡断裂。大致沿雅鲁藏布江展布的朗县断裂为雅鲁藏布江结合带的北界断裂的东段,以此为界,北部属冈底斯陆块,南部属雅江结合带。该断裂断面南倾,倾角50°～70°,南盘的朗县蛇绿混杂岩逆冲于北盘冈底斯陆块上的渐新统—中新统大竹卡组砾岩之上。断裂带宽50～100米,由糜棱岩、糜棱片岩、糜棱岩化岩石和碎裂岩组成,发生了同构造的中高压低温动力变质作用,显示多期、多层次活动特点。

登木乡断裂为区域上的曲松断裂的东段,断面呈波状延伸,倾向南,倾角25°～36°,南盘的上三叠统朗杰学岩群逆冲到北盘的朗县蛇绿混杂岩之上。发育有宽20～100米不等的破碎带,具糜棱岩化、挤压片理化,菱形构造块体等。

朗县断裂和登木乡断裂之间的朗县蛇绿混杂岩带宽约20～30千米,为中生代曾宽达上千千米的新特提斯洋(雅江洋)的遗迹。该大洋在始新世全面关闭后,洋盆中不同时代的沉积物和洋壳的碎片(蛇绿岩)构造混杂形成了此带。各岩片间均呈断层接触,边缘发育小型脆韧性剪切带,岩块相互叠覆,并与白垩纪基质一起揉皱变形,岩石强烈糜棱岩化。其中普遍发育斜向矿物拉伸线理和水平褶纹线理、拖曳褶皱、雁行状排列的构造透镜体、小型脆韧性断裂。带中的各岩片岩石普遍遭受不同程度的变质变形改造,如碎裂岩化、糜棱岩化、蛇纹石化、软玉化、滑石菱镁矿化、绿泥石化、绢云母化。在中新世,区域挤压作用又使这条蛇绿混杂岩带逆冲到北侧的冈底斯陆块上。境内的新构造活动不强烈,地热活动也不明显。

2.1.4 河流水系

朗县水资源比较丰富,有河流溪涧14条,雅鲁藏布江蜿蜒曲折,横穿县境,各支流以雅鲁藏布江为骨架,向全境纵深辐射,几乎遍布全县,比较大的支流有登木河、拉多河、金东河和贡字荣河,形成四道沟,因此朗县又可称之为"一江四河(沟)"之地,丰富的水资源成为朗县的生命源泉。

县境内的雅鲁藏布江河谷区的中西段(仲达镇与洞嘎镇之间)为比较典型的峡谷地貌,属于雅鲁藏布江加查峡谷的一部分。近东西走向,其中段在朗县县城和洞嘎镇之间转了一个大弯。峡谷延伸长约56千米,切深小于1000米,落差约150米,谷底宽度一般80～200米,局部(如县城北侧)为小于50米窄谷,归属中等切割峡谷类型。峡谷西侧地形较陡,坡度一般30°～50°,水流一般较缓。在洞嘎镇以东,河谷逐渐变宽。

县境内的雅鲁藏布江峡谷地貌还存在两种次级类型:河谷阶地堆积地貌,在县境内集中分布于雅鲁藏布江沿岸和雅鲁藏布江主要支流,分布面积不大,堆积物厚达十余米至百余米不等,分别构成了Ⅳ—Ⅰ级河流阶地及河漫滩等。风积地貌,在县境内因冬春季节干旱多大风,常将雅鲁藏布江沿岸地表细土细砂,搬运堆积,发育成风积地貌。但随着风力和风速的改变,风积地貌不断地改变形状,呈现出固定、半固定和流动三种地貌类型。

2.1.5 覆被状况与土地利用

根据朗县1996年土地变更调查统计,全县土地总面积418695.4公顷,占林芝地区土地总面积的3.7%,其中耕地1298.5公顷,占0.31%;园地52.1公顷,占0.01%;城镇村及工矿用地313.1公顷,占0.07%;交通用地204.4公顷,占0.05%;水域18776.9公顷,占4.48%;其他用地(牧草地、林地)325401.8公顷,占77.73%;未利用土地72648.6公顷,占17.35%(参见图2-2)。

朗县地处青藏高原的东南边缘,地面切割深,相对高差大,以致从雅鲁藏布江谷地至高山顶部,跨越了几个气候区。森林覆盖率较大,植被垂直变化明显。随地形高度和气候类型的变化,地表植被垂直带谱明显,从谷地低的草甸和沼泽植被起,随着海拔的升高依次出现稀疏矮灌、高山松林、暗针叶林、灌丛草甸、高山草

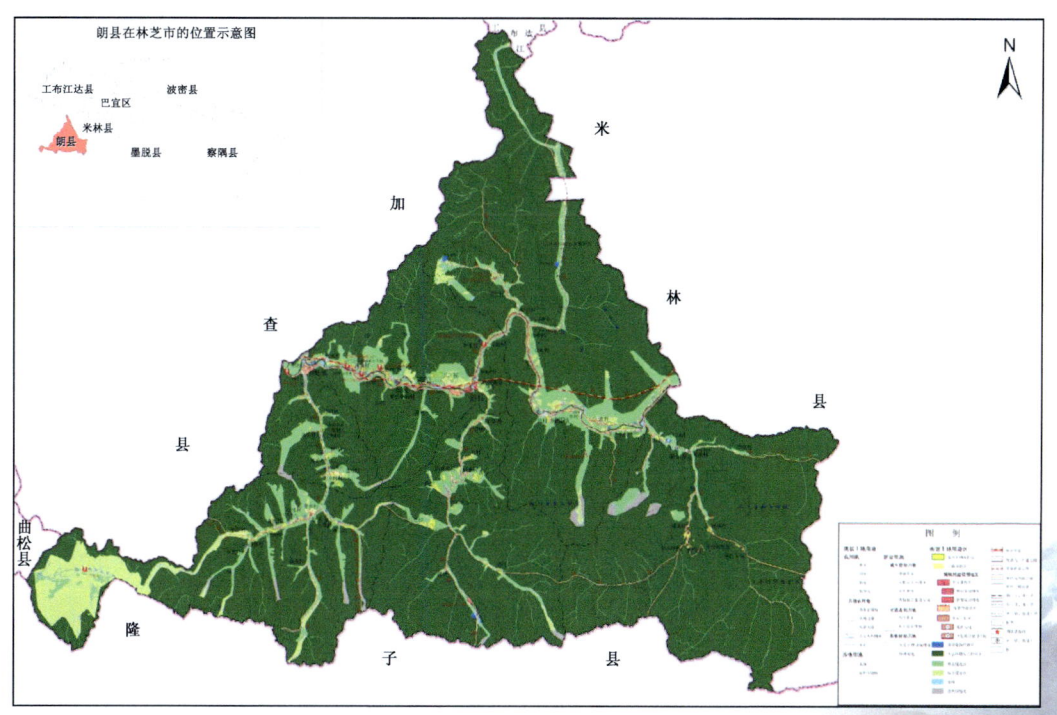

图2-2 西藏林芝市朗县土地利用图

甸及高山稀疏垫状植被等植被类型。在西藏植被区划中位于米林—林芝小区的西部，与拉萨—日喀则小区紧邻，强烈反映出从森林植被区向灌丛草原的过渡特征。

至2005年底，县境内已记录的野生脊椎动物有27目59科187种。其中主要野生鸟类有16目37科137种，野生哺乳类动物有7目16科37种，野生两栖类动物有1目1科3种，野生爬行类动物有1目2科2种，野生鱼类有2目3科8种。野生动物以我国北方的古北界和广布种为主。有国家和自治区重点保护野生动物46种。其中列入国家Ⅰ级重点保护的野生动物有16种：白鹳、金雕、玉带海雕、白尾海雕、喜山兀鹫、胡兀鹫、棕尾虹雉、黑颈鹤、马麝、林麝、白唇鹿、藏狐、香鼬、艾虎、雪豹、尖裸鲤；列入国家和自治区Ⅱ级重点保护的野生动物有30种：彩鹳、斑头雁、赤麻鸭、鸢、雀鹰、草原鹞、大鵟、草原雕、鹗、猎隼、红隼、藏雪鸡、喜山马鸡、血雉、勺鸡、纵纹腹小鸮、雕鸮、灰林鸮、猕猴、藏原羚、岩羊、鬣羚、石貂、水獭、棕熊、黑熊、小熊猫、猞猁、兔狲、金猫。朗县饲养动物主要有牦牛、马、绵羊、山羊、猪、狗、鸡、鸭等。

朗县3乡3镇，52个行政村，2019年全县耕地面积2.26万亩，2019年度全县总播种面积19656亩，其中2018年冬播面积1.17万亩，其中冬青稞4981亩、冬小麦6229亩，2016年春播面积11529.42亩，其中春青稞6020亩、油菜2600亩、蔬菜（土豆）2600亩、饲料（玉米）309.42亩。2019年，调运化肥230吨，其中尿素100吨，二胺130吨；调运农药11.47吨，调整量9.3万斤，积造农家肥1.2万吨，农家肥亩均用量1000公斤以上。县推广站技术人员通过对全县粮食作物、经济作物统计，2019年全县粮食产量3975吨，同比减少30%，其中青稞1350吨，同比减少39%；小麦2165吨，同比减少11%，经济作物油菜产量250吨，同比减少30%，蔬菜瓜果类3440吨，瓜果类3440吨，同比增长2%。

2.1.6 气候概况

朗县受雅鲁藏布江峡谷小气候的影响，属高原温带半干旱型气候带，平均海拔3700米，夏无酷热，冬无严寒，日照充足，年降雨量350～600毫米，无霜期为130～170天，年均日照达2000～2500小时，年平均降水量318.6毫米，最多年降水量为403毫米，最少年降水量为200.3毫米，日最大降水量为50.9毫米，降水多集中在6—9月，多为夜雨。年平均气温11.5℃，历年极端最高气温为32.4℃；历年极端最低气温为-12.9℃（参见图2-3）。由于特殊的地理环境，导致朗县自然灾害频繁发生，且种类繁多，如：洪涝、干旱、雪灾、霜冻、冰雹、雷电、大风等。

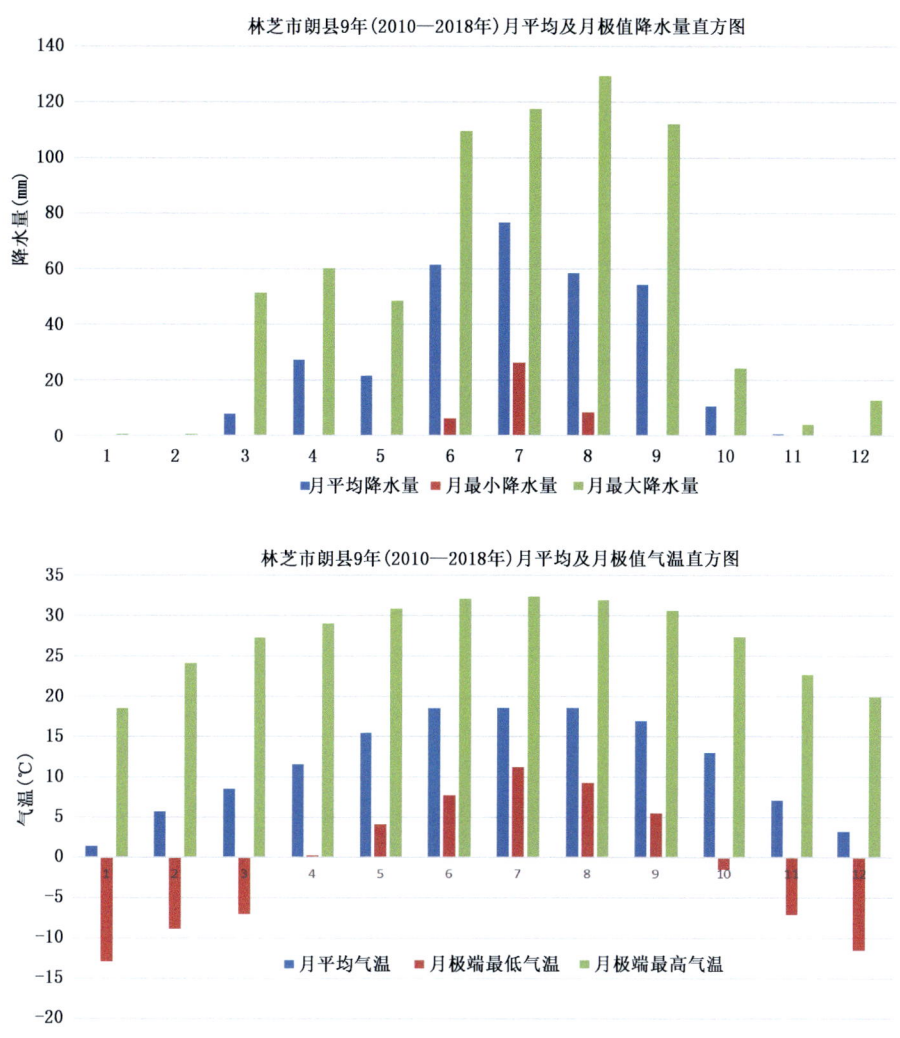

图 2-3　西藏林芝市朗县气候概况图

2.2　综合经济概况

2018 年,我们高举习近平新时代中国特色社会主义思想伟大旗帜,深入贯彻落实党的十九大和十九届二中、三中全会精神和西藏自治区第九次党代会精神及林芝市委一届六次、七次全会精神。在林芝市委、市政府、朗县县委的坚强领导下,坚持以人民为中心的发展思想,认真践行习近平总书记治国必治边、治边先稳藏重要论述和加强民族团结、建设美丽西藏重要指示精神,以供给侧结构性改革[①]为主线,以处理好"十三对关系"[②]为根本方法,坚决打好精准脱贫、污染防治、防范化解重大风险三大攻坚战③,紧紧围绕县委"12345"工作思路④,在稳增长、促改革、调结构、惠民生、保生态、防风险等各项工作上主动作为,经济社会发展呈现稳中有进的良好态势,较好地完成了县十三届人大四次会议确定的目标任务,在决胜全面建成小康社会的征程上又迈出了坚实的一步。

2018年,全县地区生产总值实现7.01亿元,可比增长9.2%,其中:第一产业增加值实现1.11亿元,可比增长4.1%;第二产业增加值实现2.24亿元,可比增长17.9%;第三产业增加值实现3.66亿元,可比增长4.9%。一、二、三产的比重为15.8∶32.0∶52.2。财政总收入预计达7040万元,增长10%;农村居民人均可支配收入14980元,增长10.6%;现金收入10649元,增长10%。全社会固定资产投资25.18亿元,增长49.5%。实现社会消费品零售总额1.34亿元,增长15%。

(1)着力打赢"三大攻坚战",攻坚任务取得新胜利。坚持把脱贫攻坚作为"第一民生工程",围绕"两不愁、三保障"⑤工作目标,聚焦"六个精准"⑥,扎实推进"五个一批"⑦"十项提升工程"⑧,脱贫攻坚工作取得了显著成效。2018年,朗县完成脱贫397户929人,完成计划任务的113.6%,退出贫困村23个,全县1041户2813人达到脱贫摘帽标准,贫困发生率已降至0.19%,并于2月6日经自治区人民政府批准退出贫困县。完成投资2545.1万元的14户109人的"三岩"跨市整体易地搬迁安置点已达到入住条件,并安排了种养殖和土地治理项目,解决配套产业项目6个,确保实现"搬得出、留得住、能致富"。深入扎实开展大气、水、土壤污染专项整治工作,第二次污染源普查清查工作全部完成。环保督察反馈问题整改基本完成,并取得阶段性成效,群众身边的环境问题得到有效解决,人民群众在生态环保方面的获得感、幸福感不断增强,主动作为的环境保护工作氛围已经形成。全面加强了政府隐形债务管理,高度防范地方政府隐形债务,正确处理好举债与发展、稳增长与防范风险的关系。

(2)着力推进项目建设,基础设施再上新台阶。坚持把项目建设作为改善农牧区基础设施有效途径和重要支撑,狠抓农牧区交通、水利、电力等基础设施建设,农牧民群众生产生活条件大幅改善,发展后劲全面增强。2018年,全县开复工项目153个,总投资18.58亿元,完成投资14.46亿元。其中,续建项目44个,总投资9.45亿元;新建项目89个,总投资8.19亿元;援藏项目20个,总投资1.94亿元,完成投资0.88亿元,包括朗县火车站"三通一平"⑨工程、219国道建设、朗县扶贫创业孵化基地建设、县城污水处理及收集工程、朗县县城供水工程等。

(3)着力推进转型升级,产业立县实现新突破。坚持把产业发展作为经济建设的"硬实力",紧紧围绕林芝市"一带四基地"⑩产业布局和朗县"四大产业"⑪规划,大力推动产业结构优化升级。特色农牧产业初具规模,2018年,苹果种植面积达4979.4亩,产值达296万元,实现纯收益156万元;种植辣椒2500亩,产量达2250吨,实现产值1350万元,实现纯收益780.95万元,并通过国家地理标志认证。朗敦核桃油、辣椒粉已通过"SC"认证[12],4个农畜产品相继获得"三品一标"[13]认证。扎实推进投资2000万元的藏猪养殖产业项目,实现规模化养殖能繁母猪2700头。文化旅游产业健康发展,稳步推进拉多藏湖景区建设,冲康景区和列山墓地保护维修工程,全面提升旅游基础设施建设和宣传推介工作。成功举办2018年林芝市第十六届桃花旅游文化节朗县分会场活动和第三届塔布文化旅游节暨第一届农民丰收节。全年累计接待游客26.37万人,同比增长25.67%,实现收入9474.29万元,同比增长20.55%。藏医藏药产业创新传承,扎实推进县财政投资1000万元的苏卡·娘尼多吉故居修复工作;充分利用总投资1300万元的县藏医院,广泛开展尿诊、把脉、火罐等适宜技术;林芝市第四届藏药材辨认大赛在我县成功举办,并荣获团体一等奖,藏医藏药的影响力和知名度全面提升。清洁能源产业前景光明,总投资15.53亿元,规划装机容量10.8兆瓦的嘎贡流域水电站及工字弄二级电站开发项目已完成可研报告评审,正在开展环评工作。规划投资4.4亿元,装机容量5万千瓦的新能源项目,已完成选址工作。工字弄电站升级改造工作已完成,发电1.54亿度,实现产值1541.3万元,实现税收145.82万元。

(4)着力推进改革开放,体制机制激发新活力。农村综合改革稳步推进,全面启动土地确权和林权制度改革,完成各类确权8420宗,办理各类产权证书6714宗。"放管服"[14]改革扎实推进,"最多跑一次"改革逐步铺开,完成朗县电子政务大厅建设,全面实现互联网与政务服务深度融合;依法确定行政审批事项212项,并在朗县人民政府门户网站上公布;"先照后证"[15]"多证合一"[16]企业全程电子化等改革持续推进;"双随机、一公开"[17]监管制度不断完善。市场主体增长迅速,全县实有市场主体1199户,增长13.64%,注册资本(金)8.08亿元,增长62.43%。招商引资完成5.51亿元,增长133.16%。同时,农行、税务、工商、邮政、电信等中、区直部门围绕中心任务,紧密配合、协调推进。其中:县农行存款13.56亿元、贷款11.63亿元,邮政存款3328万元,税务局完成税收5294.21万元,为全县经济社会各项事业注入了不竭动力。

(5)着力推进民生改善,群众生活跃上新水平。不断优化升级社会公共服务,让群众老有所养、住有所居、病有所医、学有所教,农牧民群众的幸福感和获得感全面提升。教育事业全面发展,小学适龄儿童入学率达99.92%,初中毛入学率达101.13%。新建幼儿园11所,学前幼儿入园率达83.4%,九年义务教育巩固率达

95.24%。分别落实"营养餐"和"三包"[18]经费152.89万元和693.99万元,发放大学生教育补助65.95万元。卫生服务不断提高,县卫生服务中心被自治区评定为"二级乙等"综合医院。农牧区医疗制度覆盖率达100%,筹集农牧区合作医疗基金780.63万元。扎实开展包虫病和鼠疫防控工作,深入推进"三病"[19]筛查工作,累计筛查结核病3993人。文化建设进一步提高,举办各类文艺演出活动62场次,观众人数达1.67万人次。继续加大文化站免费开放力度,累计服务群众6200人次。成功申报自治区文物保护单位1处,自治区非物质文化遗产项目2项。社会保障日益完善,参加五类保险人数1.67万人次,征缴基金1.23亿元,征缴率达100%;开发岗位240个,新增就业370人次,农牧民转移就业9700人次,实现经济收入1500万元,291名应往届高校毕业生,实现就业277人,创业9人,就创业率达98%,城镇登记失业率控制在2%以内。

(6)着力推进统筹发展,城乡建设呈现新面貌。城乡基础设施条件逐步改善,交通、水利、电力和通信等保障能力明显提升,安居工程、新农村建设和小康示范村建设成绩显著。朗县被评为国家级电子商务进农村综合示范县;县城污水处理及收集系统建设已完成工程量的87%;大力实施"四好农村路"[20]建设,成功获评全国"四好农村路"示范县。大力推进8个援藏小康示范村建设,完成终验4个。6个边境小康示范村完工5个。大力推进城乡环境综合治理工作和城区精细化管理,完成县城铁艺、摩托车修理店等搬迁工作和店外经营、车辆乱停乱放专项整治工作,县容县貌显著提升。

(7)着力推进绿色发展,生态环境实现新改善。认真落实习近平总书记"绿水青山就是金山银山,冰天雪地也是金山银山"重要指示精神,营造了天蓝、地绿、水清的优良环境。认真做好国家级生态文明示范县规划编制工作,在荣获自治区级生态县的基础上,共创建自治区级生态村48个,自治区级生态乡镇5个。河长制[21]工作有序推进,成立县、乡、村三级河长制工作领导小组;年初预算100万元作为河湖管理保护专项经费,设立河长公示牌共62块,开展河长制宣传12次,巡河787次。林业工作全面推进,大力推进造林绿化,植树15.32万株,苗木成活率90%以上,"无树户"全面消除。认真落实各项森防措施,全年未发生一起森林火灾。

(8)着力推进社会治理,发展环境得到新优化。牢固树立稳定压倒一切的思想,坚持长期作战、久久为功,为全县经济社会发展和长治久安奠定了坚实基础。维稳责任全面落实。不断健全县、乡(镇)、村(居)三级维稳指挥体系,依托网格化社会服务管理模式,突出"护城河""两站两员"[22]"双联户"[23]、军警民联防联动作用,构建了立体化治安防控格局；不断完善《冬虫夏草采集管理工作方案》和《冬虫夏草采集管理实施细则》，为及时有效化解和消除因虫草资源引发的各种矛盾纠纷和不稳定因素奠定了坚实根基。全年处理信访事项18起，化解率100%；协调解决农民工工资8798.98万元，信访工作实现了"减少存量、控制增量、提高质量"的工作目标。同时，扎实推进"三个专项斗争"㉔，开展专项行动200余次，社会大局实现了"三无""三不出""三稳定"㉕工作目标。固边兴边成效显著，结合我县是西藏21个边境县之一的实际，采取"1+5"工作模式㉖，在金东乡设立国门教育讲习所爱国教育基地，广泛开展爱国主义教育，各级干部群众固边稳边意识全面增强。安全形势稳定向好。强化重点领域的安全隐患排查力度，狠抓防汛减灾、道路交通、食品药品、建筑施工、娱乐住宿等重点领域的安全监管和整改工作，"抗大灾、抢大险"能力全面提升，全年未发生一起安全生产事故，全县安全生产形势持续稳定向好。

（9）着力推进科学援藏，对口援藏展现新局面。惠州市援藏工作队始终把朗县当作"第二故乡"，主动对接、全面协作，援藏工作迈上新台阶，惠朗两地的交往交流交融进一步加深。总投资1.94亿元计划内20个援藏项目，已完工15个，完成投资1.14亿元，占总投资的58.76%（形象进度为1.83亿元，占总投资的94.34%）。按照"走出去、引进来"的方式，大力实施组团式医疗援藏和教育援藏，选派8名惠州市专家和44名优秀教师，赴我县开展医疗和支教活动，并通过挂职、培训、考察等方式，先后选派19批次、180名干部职工前往惠州市参加各类技能和业务培训，为朗县经济社会发展提供了人才支持和智力支撑。

（10）着力推进作风转变，自身建设取得新成效。深入学习贯彻党的十九大精神，树牢"四个意识"㉗，坚定"四个自信"㉘，坚决做到"两个维护"㉙，全力推进"两学一做"㉚学习教育常态化制度化。加强重点领域审计监督和行政监察，严查侵害群众利益的不正之风和腐败问题，促进政府系统廉洁行政。推进法治政府建设，"七五"普法㉛深入实施。健全重大行政决策机制，实施重大决策预公开，依法行政更加透明高效。坚持从严执政，落实主体责任和"一岗双责"㉜，推进依法科学民主决策，落实法律顾问制度。自觉接受人大及其常委会法律监督、工作监督和政协民主监督，人大代表建议、政协提案答复率、满意率均达100%。认真履行党风廉政建设主体责任，严格贯彻落实中央八项规定及其实施细则精神和自治区党委实施办法。健全厉行节约长效机制，公开部门预算和"三公"经费㉝预决算，进一步缩减"三公"经费，政务环境更加廉洁高效。同时，全力支持国防建设，军民融合深度发展成效显著；人民防空、优抚安置、应急管理工作扎实推进；法治、统计、编译、档案、地震、气象、保密、地方志等工作取得新成效。

注解：①供给侧结构性改革旨在调整经济结构,使要素实现最优配置,提升经济增长的质量和数量。②"十三对关系"：国家投资与社会投资的关系；重大项目和民生项目的关系；发挥优势和补齐短板的关系；城镇就业和就近就便、不离乡不离土、能干会干的关系；扶贫搬迁向城镇聚集和向生产资料富裕、基础设施相对完善地区聚集的关系；央企在藏资源开发和解决当地农牧民增加收入的关系；保护生态和富民利民的关系；城市发展和提高农牧民基本公共服务能力的关系；高校毕业生政府就业和市场就业的关系；简政放权和地方承接的关系；企业增产提效和改善企业职工福利待遇、促进农牧民群众增收的关系；中央关心、全国支援和自力更生、艰苦奋斗的关系；鼓励干部担当干事和容错纠错的关系。③三大攻坚战是指防范化解重大风险、精准脱贫、污染防治,是在十九大报告首次提出的新表述。④朗县县委"12345"工作思路：围绕全面建成小康社会的目标；进一步推进"党的建设和民族团结"两大工程；坚守"维护稳定、安全生产、生态环境保护"三条底线；做大做精"农牧特色业、文化旅游业、藏医藏药业、清洁能源业"四个产业；建设"美丽、幸福、文明、法治、和谐"的朗县。⑤"两不愁、三保障"：不愁吃、不愁穿,义务教育、基本医疗、住房安全有保障。⑥"六个精准"：扶贫对象精准、措施到户精准、项目安排精准、资金使用精准、因村派人(第一书记)精准、脱贫成效精准。⑦"五个一批"：发展生产脱贫一批、易地搬迁脱贫一批、生态补偿脱贫一批、发展教育脱贫一批、社会保障兜底一批。⑧"十项提升工程"：饮水、电力、道路、通信、网络、科技、教育、文化、卫生、保障民生。⑨"三通一平"：通电、通路、通水、土地平整。⑩"一带四基地"：林果产业带、藏猪养殖加工基地、藏药材种植基地、绿色有机茶叶种植基地、设施蔬菜种植基地。⑪"四大产业"：特色农牧业、文化旅游业、藏医藏药业、清洁能源业。⑫"SC"认证：食品生产许可认证。⑬"三品一标"：无公害农产品、绿色食品、有机农产品和农产品地理标志。⑭"放管服"："放"即简政放权,降低准入门槛,"管"即公正监管,促进公平竞争。"服"即高效服务,营造便利环境。⑮"先照后证"：从事前置许可经营项目的市场主体,需要先到许可审批部门办理有关证明文件后,再到工商部门申请办理营业执照。⑯"多证合一"：在已实施的营业执照、组织机构代码、税务登记证、社保登记证、统计证"五证合一"的基础上,向申请者颁发载有统一社会信用代码和食品经营许可证号等一照两号或多号的"多证合一"营业执照。⑰"双随机、一公开"：在监管过程中随机抽取检查对象,随机选派执法检查人员,抽查情况及查处结果及时向社会公开。⑱"三包"：指对西藏义务教育阶段的农牧民子女实行包吃、包住、包学习费用的三包制度。⑲"三病"：结核病、肝炎、风湿病(骨关节疾病)。⑳"四好农村路"：是指到2020年实现"建好、管好、护好、运营好"农村公路。㉑河长制：即由中国各级党政主要负责人担任"河长",负责组织领导相应河湖的管理和保护工作。㉒"两站两员"：乡镇成立道路交通安全工作联席会议并设立交通管理站,重要路段、关口设立交通安全劝导站；建立乡镇专职交通安全员,行政村聘用交通安全协管员。㉓"双联户"：联户平安、联户增收。㉔"三个专项斗争"：扫黑除恶、打非治乱、扫黄打非。㉕"三无""三不出""三稳定"：无重复上访,无集体上访,无信访积案；大事不出、中事不出、小事也不出；经济稳定、金融稳定、资本市场稳定。㉖"1+5"工作模式:1个边境乡带动其他5个乡镇。㉗"四个意识":政治意识、大局意识、核心意识、看齐意识。㉘"四个自信":中国特色社会主义道路自信、理论自信、制度自信、文化自信。㉙"两个维护":指坚决维护习近平总书记党中央的核心、全党的核心地位,坚决维护党中央权威和集中统一领导。㉚"两学一做":学党章党规、学系列讲话,做合格党员。㉛"七五"普法:是指中央宣传部、司法部关于在公民中开展法治宣传教育的第七个五年规划(2016—2020年)。㉜"一岗双责":就是一个领导干部职务所对应的岗位;"双责"就是一个领导干部要对所在岗位应当承担的具体业务工作负责,又要对所在岗位应当承担的党风廉政建设责任制负责。㉝"三公"经费:指政府部门公务出国经费、公务用车购置及运行费、公务接待费用三项。

第 3 章 气象灾害特征及风险区划

3.1 数据资料

3.1.1 气象资料

采用朗县气象站 2007—2018 年的逐年月降水距平百分率计算干旱和洪涝日数、统计冰雹日数、大风日数、霜冻日数、雷暴日数、积雪日数资料。

3.1.2 社会经济资料

从 2009 年出版的《林芝市统计年鉴》中选用以乡镇为单元的行政区域土地面积、年末总人口、耕地面积、国民生产总值(GDP)等数据。

3.1.3 地理信息资料

基础地理信息资料包括西藏 1∶25 万 GIS(地理信息系统)数据中的 DEM(数字高程模型)和水系数据。

3.2 气象灾害风险基本概念及其内涵

气象灾害风险是指气象灾害发生及其给人类社会造成损失的可能性。气象灾害风险性是指若干年(10 年、20 年、50 年、100 年等)内可能达到的灾害程度及其灾害发生的可能性。气象灾害风险为政府及相关部门防御决策提供依据,为制订气象灾害工程和非工程措施、防御方案、防御管理等提供基础性支撑,是政府制定规划和项目建设开工前需要充分评估的一项重要内容,可最大程度地减轻气象灾害可能带来的风险。

气象灾害风险:指各种气象灾害发生及其给人类社会造成损失的可能性。

孕灾环境：指气象危险性因子、承灾体所处的外部环境条件，如地形地貌、水系、植被分布等。

致灾因子：指导致气象灾害发生的直接因子，如干旱、冰雹、雪灾、大风等。

承灾体：气象灾害作用的对象，是人类活动及其所在社会中各种资源的集合。

孕灾环境敏感性：指受到气象灾害威胁的所在地区外部环境对灾害或损害的敏感程度。在同等强度的灾害情况下，敏感程度越高，气象灾害所造成的破坏损失越严重，气象灾害的风险也越大。

致灾因子危险性：指气象灾害异常程度，主要是由气象致灾因子活动规模（强度）和活动频次（概率）决定的。一般致灾因子强度越大，频次越高，气象灾害所造成的破坏损失越严重，气象灾害的风险也越大。

承灾体易损性：指可能受到气象灾害威胁的所有人员和财产的伤害或损失程度，如人员、牲畜、房屋、农作物等。一个地区人口和财产越集中，易损性越高，可能遭受潜在损失越大，气象灾害风险越大。

防灾抗灾能力：受灾区对气象灾害的抵御和恢复程度，包括应急管理能力、减灾投入资源准备等。防灾抗灾能力越高，可能遭受的潜在损失越小，气象灾害风险越小。

气象灾害风险区划：指在孕灾环境敏感性、致灾因子危险性、承灾体易损性、防灾抗灾能力等因子进行定量分析评价的基础上，为了反映气象灾害风险分布的地区差异性，根据风险指数的大小，将风险区划分为若干个等级。

3.3 气象灾害风险区划的原则和方法

3.3.1 灾害风险形成机制

气象灾害风险是指气象灾害发生及其给人类社会造成损失的可能性。从灾害学的角度出发，形成气象灾害必须具有以下条件：

（1）存在诱发气象灾害的因素（致灾因子）及其形成气象灾害的环境（孕灾环境）；

（2）气象灾害影响区有人类的居住或分布有社会财产（承灾体）；

（3）人们在潜在的或现实的气象灾害威胁面前，采取回避、适应或防御气象灾害的对策措施（防灾抗灾能力）。

基于自然灾害风险形成理论，气象灾害风险是由致灾因子危险性、孕灾环境敏感性、承灾体易损性和防灾抗灾能力四部分共同形成的（图3-1）。

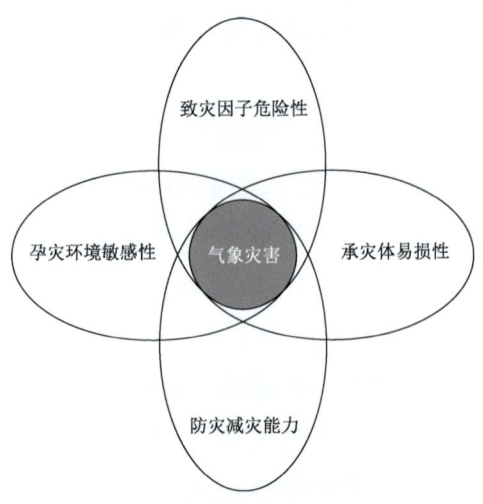

图 3-1　气象灾害风险的形成

3.3.2　气象灾害风险评估的概念框架

气象灾害风险是致灾因子危险性、孕灾环境敏感性、承灾体易损性和防灾减灾能力综合作用的结果，气象灾害风险函数可表示为：

气象灾害风险＝f（孕灾环境敏感性、致灾因子危险性、承灾体易损性和防灾减灾能力）

气象灾害风险是由孕灾环境敏感性、致灾因子危险性、承灾体易损性和防灾减灾能力四个主要因子构成的，每个因子又是由若干评价指标组成。根据自然灾害风险理论和气象灾害风险的形成机制，建立气象灾害风险评估概念框架（图3-2）。

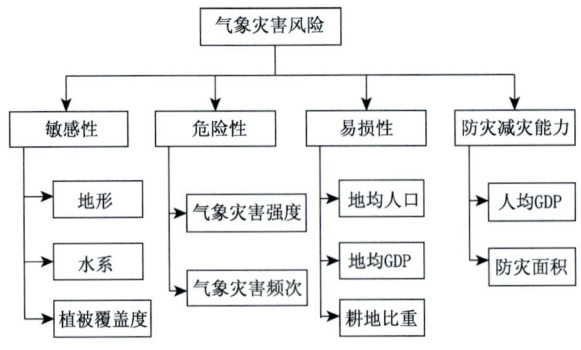

图 3-2　气象灾害风险评估概念框架

3.3.3　气象灾害风险区划技术流程

基于 GIS 技术气象灾害风险区划技术流程（图 3-3）。

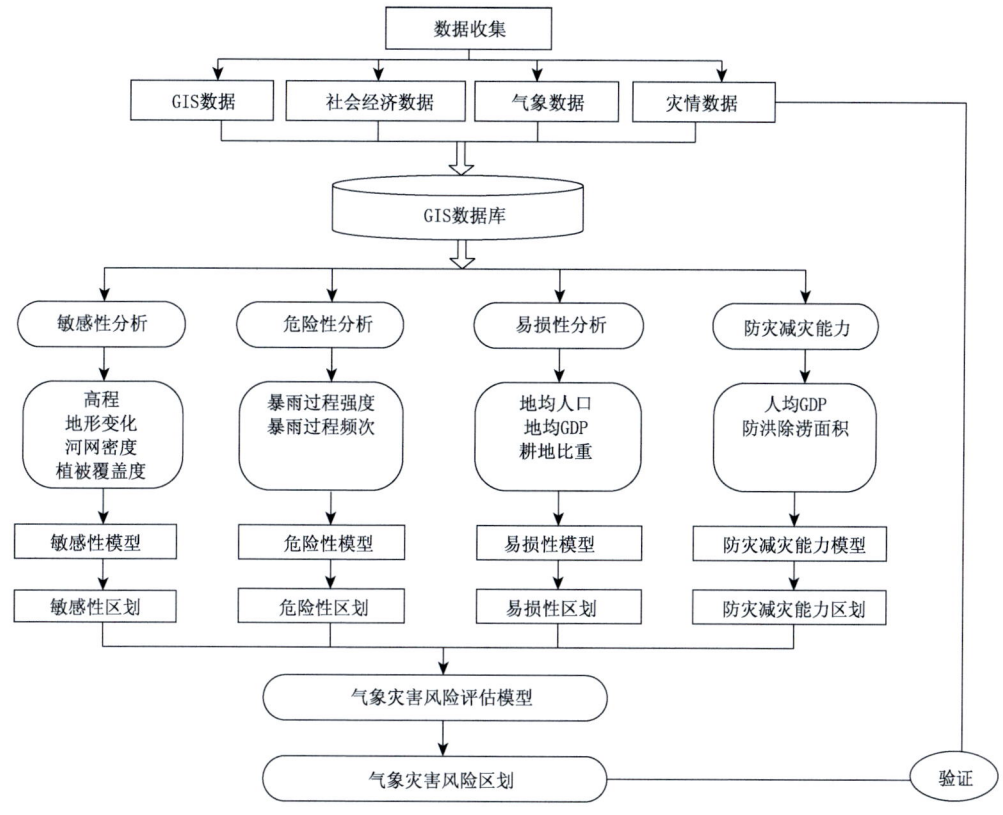

图 3-3　气象灾害风险区划技术流程

3.3.4　孕灾环境敏感性区划

(1)孕灾环境因子分析

孕灾环境主要考虑地形、水系、植被等因子对气象灾害形成的综合影响。地形主要包括高程和地形变化;水系主要考虑河网密度和距离水体的远近;植被覆盖度指有植被的面积占土地总面积的百分比。由于植被具有强烈的水土保持功能,因此,植被覆盖度越大,表示一个地方的植被越多,气象灾害的风险越小。

(2)孕灾环境敏感性评估

地形:地势采用高程表示,从 1:5 万 GIS 数据中提取;地形变化采用高程标准差表示,对 GIS 中某一格点,计算其与周围 8 个格点的高程标准差获得,在 1:5 万 GIS 中采用 100 米×100 米的网格计算地形高程标准差。表 3.1 作为考虑地形影响大小的参考,它是根据专家打分给出的高程和高程标准差的不同组合赋值,高程越低、高程标准差越小,影响值越大,表示越有利于形成涝灾。

表 3-1　地形因子赋值表

地形高程（米）	高程标准差（米）		
	一级（≤1）	二级（1~10）	三级（≥10）
一级（≤15000）	0.9	0.8	0.7
二级（1500~2500）	0.8	0.7	0.6
三级（2500~3500）	0.7	0.6	0.5
四级（≥3500）	0.6	0.5	0.4

水系：主要包括河网密度和距离水体的远近。半径范围内河流的总长度作为中心格点的河流密度，半径大小使用系统缺省值。在1∶5万GIS中采用100米×100米的网格计算河网密度。距离水体远近的影响则用GIS中的计算缓冲区功能实现，其中河流应按照一级河流和二级河流，湖泊水库应按照水域面积来分别考虑，可分为一级缓冲区和二级缓冲区，给予0~1之间适当的影响因子值，原则是一级河流和大型水体的一级缓冲区内赋值最大，二级河流和小型水体的二级缓冲区赋值最小，表3-2和表3-3给出了参考值。河网密度和缓冲区影响经规范化处理后，各取权重0.5，采用加权综合评价法求得水系影响指数。

表 3-2　湖泊和水库缓冲区等级和宽度的划分标准

水域面积（×10⁴ 千米²）	缓冲区宽度（千米）	
	一级缓冲区	二级缓冲区
0.1~1	0.5	1
1~10	2	4
10~20	3	6
>20	4	8

表 3-3　河流缓冲区等级和宽度的划分标准

缓冲区宽度（千米）			
一级河流		二级河流	
一级缓冲区	二级缓冲区	一级缓冲区	二级缓冲区
8	12	6	10

将地形、水系、植被覆盖度等影响指数经规范化处理后，按照各自对当地洪涝的影响程度，分别给出相应的权重系数。采用加权综合评价法计算得到各格点孕灾环境的敏感性指数。

(3)孕灾环境敏感性区划

利用 GIS 中自然断点分级法将孕灾环境敏感性指数按 5 个等级分区划分(高敏感区、次高敏感区、中敏感区、次低敏感区和低敏感区),基于 GIS 绘制孕灾环境敏感性指数区划图,并进行相应评述。

3.3.5 致灾因子危险性区划

将乡镇的危险性指数作为朗县的致灾因子影响度属性的属性值赋予灾害危险分区图,然后将该图栅格化,利用 GIS 中自然断点分级法将致灾因子危险性指数按 4 个等级分区划分(高危险区、中等危险区、次低危险区、低危险区),绘制致灾因子危险性指数区划图,并进行相应评述。

3.3.6 承灾体易损性区划

(1)承灾体因子分析

气象灾害造成的危害程度与承受灾害的载体有关,它造成的损失大小一般取决于发生地的经济、人口密集程度。根据社会经济统计数据(以县为单元的行政区域土地面积、GDP、年末总人口以及耕地面积)得到地均 GDP、地均人口(人口密度)、耕地面积比重三个易损性评价指标。

(2)承灾体易损性评估

由于每个承灾体在不同地区对灾害的相对重要程度不同,因此在计算综合承灾体的易损性时,要考虑到它们的权重,根据加权综合法得到综合承灾体易损性指数。综合承灾体易损性指数求算的步骤如下:

①对每个承灾体易损性评价指标进行规范化处理;
②根据专家打分法得到每个承灾体易损性评价指标的权重;
③根据加权综合法计算综合承灾体易损性指数。

(3)综合承灾体易损性区划

利用 GIS 中自然断点分级法将综合承灾体易损性指数按 4 个等级分区划分(高易损性区、中等易损性区、次低易损性区、低易损性区),并基于 GIS 绘制综合承灾体易损性指数区划图,并进行相应评述。

3.3.7 防灾抗灾能力区划

(1)防灾抗灾能力因子分析

防灾抗灾能力描述为应对气象灾害所造成的损害而进行的工程和非工程措

施。考虑到这些措施和工程的建设必须要有当地政府的经济支持,主要考虑了人均 GDP,另外根据当地收集数据的情况,尽可能多地考虑到抗灾因素。

(2)防灾抗灾能力评估

如果考虑到多个防灾抗灾能力指标,按照各自对当地灾害的抵御和恢复程度,分别给出相应的权重系数。采用加权综合评价法计算得到综合防灾抗灾能力指数。

(3)防灾抗灾能力区划

对防灾抗灾能力指数规范化后,该指数值越小,防灾抗灾能力越低。利用 GIS 中自然断点分级法根据防灾抗灾能力指数按 4 个等级分区划分(高防灾抗灾能力区、中等防灾抗灾能力区、次低防灾抗灾能力、低防灾抗灾能力区),并基于 GIS 绘制灾害防灾抗灾能力区划图,并进行相应评述。

3.4 分灾种的气象灾害风险区划

3.4.1 干旱

干旱是农、牧业生产过程中,因雨水不足出现严重缺水,因而作物生长不良而减产或凋萎枯死,草场牧草返青迟、生长差或枯黄,影响牲畜膘情。

3.4.1.1 指标

采用国家标准 GB/T 20481—2006《气象干旱等级》中降水量距平百分率气象干旱等级来划分干旱不同程度等级,某时段降水量距平百分率(P_a)计算如下:

$$P_a = \frac{P - \overline{P}}{\overline{P}} \times 100\%$$

式中,P 为某时段降水量,$\overline{P}$ 为计算时段同期气候平均降水量。

表 3-4 降水量距平百分率干旱划分表

等级	类型	月尺度降水量距平百分率(%)
1	轻旱	$-60 < P_a \leq -40$
2	中旱	$-80 < P_a \leq -60$
3	重旱	$P_a \leq -80$

干旱灾害风险区划主要考虑了致灾因子危险性、承灾体易损性和防灾减灾能力三种因子,在这三种影响因子的基础上进行定量分析评价。选取年干旱出现的

频次作为致灾因子,承灾体易损性主要考虑人口密度、地均GDP和耕地面积的比例,而防灾减灾能力主要考虑了人均GDP。

干旱的风险指数的具体计算公式为:

$$FDRI = (VH^{wh})(VS^{ws})(10-VR)^{wr} \tag{3-1}$$

式中,$FDRI$为干旱灾害风险指数,用于表示风险程度,其值越大,则灾害风险程度越大;VH、VS、VR的值分别表示风险评价模型中的致灾因子的危险性、承灾体的易损性和防灾减灾能力各评价因子指数;wh、ws、wr是各评价因子的权重。

3.4.1.2 干旱灾害风险区划

采用公式(3-1)计算各地干旱灾害风险指数,利用GIS中自然断点分级法将干旱风险指数按4个等级分区划分(高风险区、中等风险区、次低风险区、低风险区),并基于GIS绘制干旱灾害风险区划图(图3-4)。

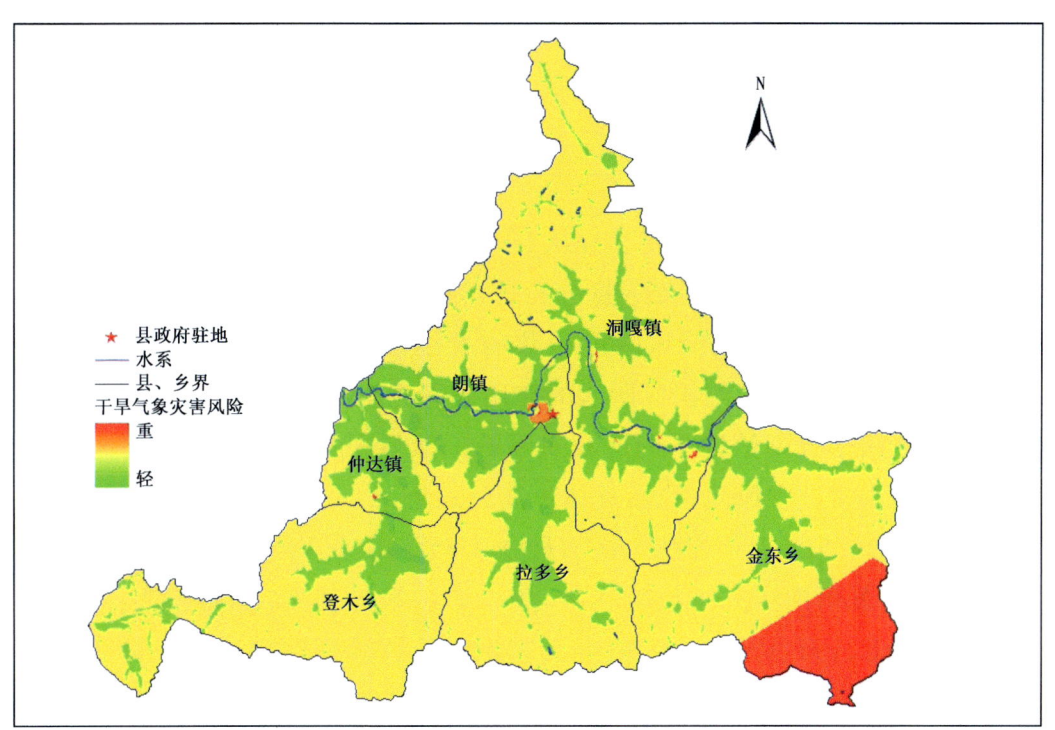

图3-4 林芝市朗县干旱风险区划

从干旱风险区划图(图3-4)可以看出,朗县干旱高风险区主要位于金东乡东南部和朗镇东部的小部分区域;低风险区主要位于拉多乡、登木乡北部以及朗镇至洞嘎镇的沿河(江)一带;其余大部分地方属于干旱灾害中等风险区。

3.4.2 暴雨洪涝

暴雨洪涝是指因大雨、暴雨或持续降雨使低洼地区淹没、渍水的现象。雨涝主要危害农作物生长,造成作物减产或绝收,破坏农业生产以及其他产业的正常发展。

3.4.2.1 指标

利用降水量距平百分率,计算如下:

$$P_a = \frac{P - \overline{P}}{\overline{P}} \times 100\%$$

式中,P 为某时段降水量,$\overline{P}$ 为计算时段同期气候平均降水量。

表 3-5 降水量距平百分率洪涝划分表

等级	类型	月尺度降水量距平百分率(%)
1	轻涝	$40 \leqslant P_a < 60$
2	中涝	$60 \leqslant P_a < 80$
3	重涝	$P_a \geqslant 80$

暴雨洪涝灾害风险区划是指在孕灾环境敏感性、致灾因子危险性、承灾体易损性、防灾减灾能力等因子进行定量分析评价的基础上,为了反映暴雨洪涝灾害风险分布的地区差异性,根据风险度指数的大小,对风险区划分为若干个等级。考虑到各评价因子对风险的构成所起的作用并不完全相同,我们将暴雨洪涝灾害风险所涉及的因子分别给以不同的权重系数。然后根据暴雨洪涝灾害风险指数公式求算暴雨洪涝灾害风险指数,具体计算公式为:

$$FDRI = (VE^{we})(VH^{wh})(VS^{ws})(10 - VR)^{wr} \tag{3-2}$$

式中,$FDRI$ 为暴雨洪涝灾害风险指数,用于表示风险程度,其值越大,则灾害风险程度越大,VE、VH、VS、VR 的值分别表示风险评价模型中的孕灾环境的敏感性、致灾因子的危险性、承灾体的易损性和防灾减灾能力各评价因子指数;we、wh、ws、wr 是各评价因子的权重。

3.4.2.2 洪涝灾害风险区划

采用暴雨洪涝灾害风险评估模型计算各地暴雨洪涝灾害风险指数,利用 GIS 中自然断点分级法将暴雨洪涝风险指数按 4 个等级分区划分(高风险区、中等风险区、次低风险区、低风险区),并基于 GIS 绘制暴雨洪涝灾害风险区划图(图 3-5)。

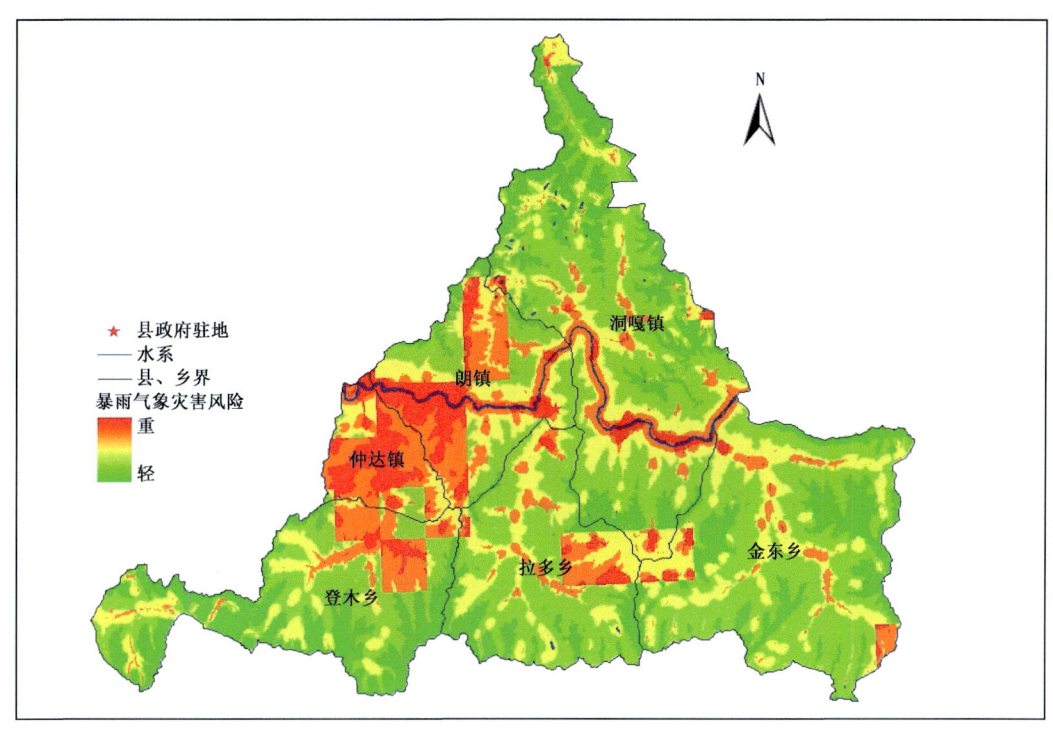

图 3-5 林芝市朗县洪涝风险区划

朗县大部分地区雨量充沛,高原温带季风半湿润气候区、年降水量较多,从各乡镇洪涝灾害风险区划图(图 3-5)可见,仲达镇大部和朗镇西南部属于洪涝中高风险区,特别是沿河一带以及拉多乡东部的北部洪涝气象灾害风险明显高于其他地方。

3.4.3 霜冻

3.4.3.1 指标

以日最低气温(T)≤0℃作为霜冻指标,规定凡是 $-2.0<T$≤0℃为轻霜冻,T≤-2.0℃为重霜冻。

霜冻是指在生长季里因土壤表面和植株体温度降到 0℃ 或 0℃ 以下,使农作物幼苗或尚未成熟的庄稼受到冻害减产的一种气象灾害。

霜冻灾害风险区划主要考虑了致灾因子危险性、承灾体易损性和防灾减灾能力三种因子,在这三种影响因子的基础上进行定量分析评价。选取每年各地出现霜冻的日数作为致灾因子,承灾体易损性主要考虑人口密度、地均 GDP 和耕地面积的比例,而防灾减灾能力主要考虑了社会经济的发展。

采用公式(3-1)计算各地霜冻灾害风险指数,利用GIS中自然断点分级法将霜冻风险指数按4个等级分区划分(高风险区、中等风险区、次低风险区、低风险区),并基于GIS绘制霜冻灾害风险区划图(图3-6)。

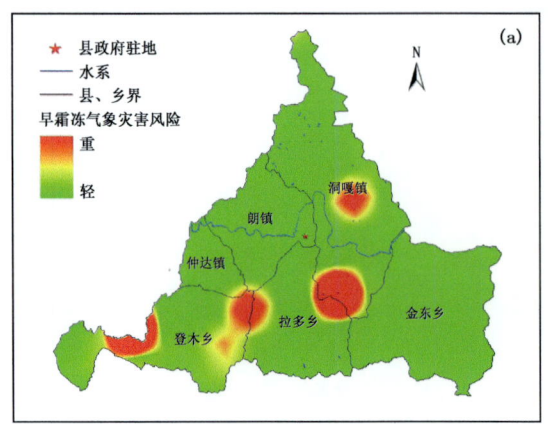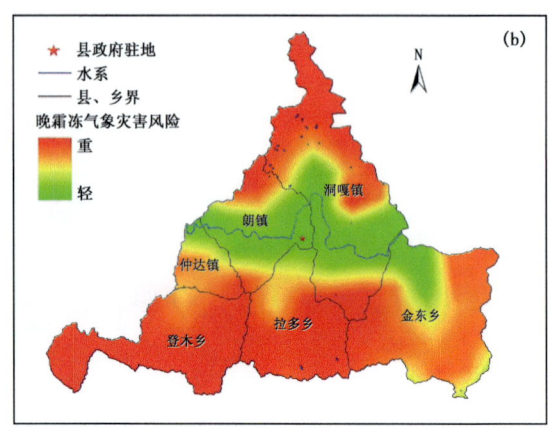

图3-6 林芝市朗县霜冻风险区划图
(a)早霜冻,(b)晚霜冻

3.4.3.2 霜冻灾害风险区划

朗县初霜冻出现在10月中旬,终霜冻出现在次年5月上旬。从霜冻风险区划图(图3-6)看,早霜冻主要出现在洞嘎镇中部和南部以及拉多乡东北部;朗县的晚霜冻造成的灾害重、面积广,朗县的晚霜冻高、中风险区范围比较广,除了沿河(江)一线以外,其余大部均为高发区。

3.4.4 大风

3.4.4.1 指标

凡出现瞬时风速达到或超过17米/秒的当天作为一个大风日统计。

大风造成的危害主要是引发沙尘、破坏房屋、树木、农作物、草原植被以及电力通信等设施。

大风灾害风险区划主要考虑了致灾因子危险性、承灾体易损性和防灾减灾能力三种因子,在这三种影响因子的基础上进行定量分析评价。选取年大风日数作为致灾因子,承灾体易损性主要考虑人口密度、地均GDP和耕地面积的比例,而防灾减灾能力主要考虑人均GDP。

采用公式(3-1)计算各地大风灾害风险指数,利用GIS中自然断点分级法将大风风险指数按4个等级分区划分(高风险区、中等风险区、次低风险区、低风险区),并基于 GIS 绘制大风灾害风险区划图(图 3-7)。

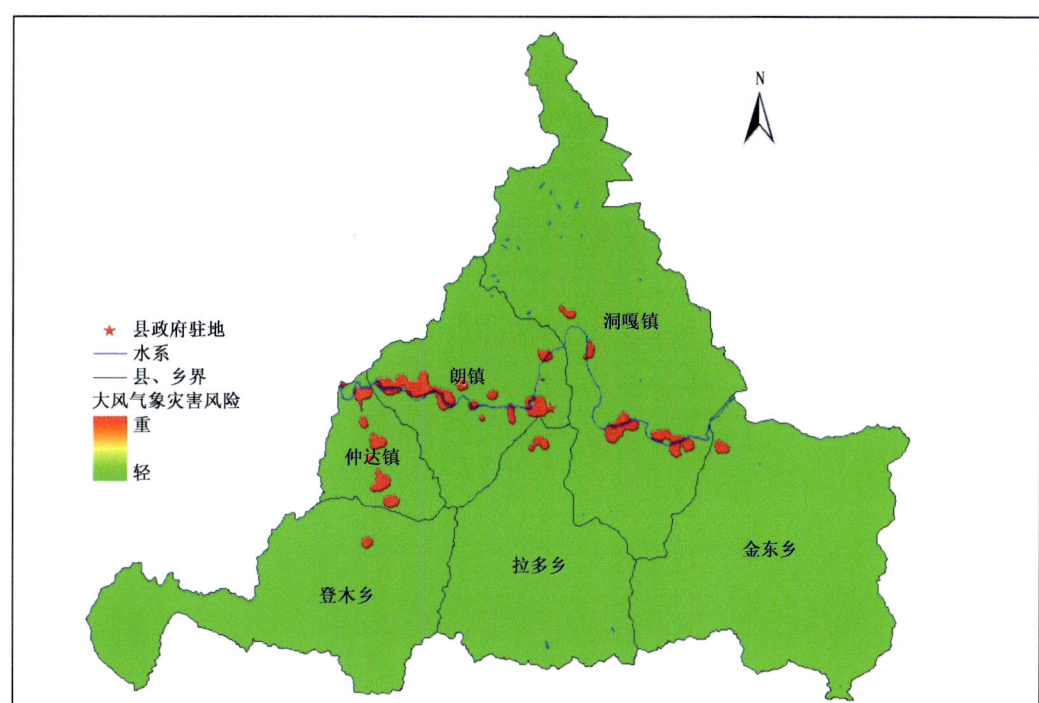

图 3-7　林芝市朗县大风风险区划图

3.4.4.2　大风灾害风险区划

从大风风险区划图(图 3-7)看,朗县出现大风的概率较低。高危险区主要分布在朗镇至洞嘎镇的沿河(江)一线及仲达镇东南部小部分区域,其余大部大风灾害较轻。

3.4.5　雪灾

雪灾一般是指冬、春季因降雪量大、气温低造成积雪持续不易融化,致使牲畜采食困难或不能采食而发生不同程度的牲畜伤亡事件。

3.4.5.1　指标

凡出现日降水量≥0.1 毫米的降雪,统计为一个降雪日。

表 3-6　雪灾强度等级

雪灾等级	积雪深度(厘米)	积雪持续日数(天)
轻度雪灾	3～4	3～4
中度雪灾	5～9	5～9
严重雪灾	5～9	10～14
特大雪灾	≥10	≥15

雪灾风险区划是指在孕灾环境敏感性、致灾因子危险性、承灾体易损性、防灾减灾能力等因子进行定量分析评价的基础上，为了反映雪灾风险分布的地区差异性，根据风险度指数的大小，对风险区划分为若干个等级。考虑到各评价因子对风险的构成所起的作用并不完全相同，将雪灾风险所涉及的因子分别给以不同的权重系数。然后根据雪灾指数公式求算雪灾灾害风险指数。

采用公式(3-2)计算各地雪灾灾害风险指数，利用GIS中自然断点分级法将雪灾风险指数按4个等级分区划分（高风险区、中等风险区、次低风险区、低风险区），并基于GIS绘制雪灾灾害风险区划图（图3-8）。

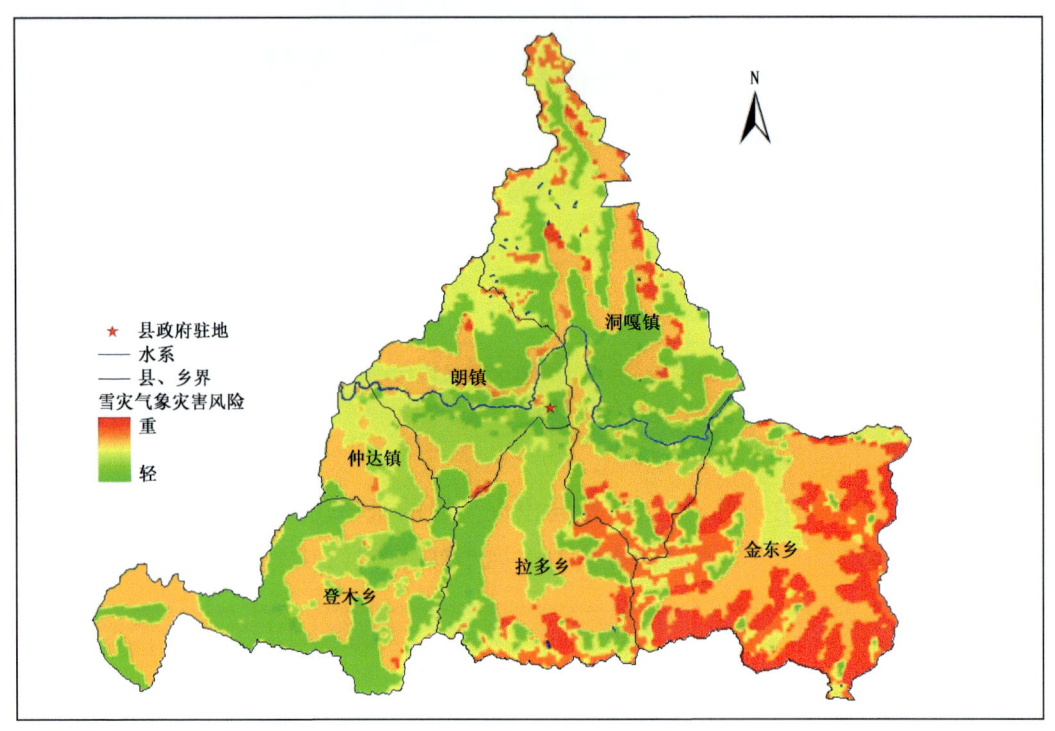

图 3-8　林芝市朗县雪灾风险区划图

3.4.5.2　雪灾灾害风险区划

朗县境内山峦起伏，海拔高度落差大，雪灾出现在高海拔山区的概率较高，发生雪灾的季节主要在每年冬春（从12月至翌年3月）。从朗县雪灾区划图（图3-8）看，朗县的雪灾主要在洞嘎镇至洞嘎镇的西南方向以及拉多乡南部，沿河（江）一线以及登木乡的沿河两岸发生雪灾的可能性较小，其余地方为雪灾发生中度风险区。

3.4.5.3 雪灾年际变化特征

从近 20 年的降雪资料统计看,朗县的年雪灾发生频次较小,年际变化不明显,且程度较轻,多为轻度雪灾,中、重大雪灾多发生在高海拔山区内,单从朗县气象站点的积雪深度和积雪日数很难分析出。

第4章　农作物种植气候适宜性区划

进行农作物气候区划的目的是为了摸清与农业生产关系最密切的气象因素的地理差异,以便充分有效地利用农业气候资源,克服不利的气候条件,发挥气候资源优势,因地制宜地合理布局农、林、牧业和多种经营,为全面发展大农业生产,规划、调整农牧业产业结构,确定科学的种植制度和栽培方法,合理配置农作物的种类和品种等提供科学依据。

4.1　冬小麦

小麦属于禾本科,麦属。西藏的高原具备小麦生长发育需要的温度和光照条件,主要分布于海拔4100米以下地区,由于气候生态因子年际间的波动,使得冬小麦成穗率年差异较大,研究气候因子对冬小麦的影响,对提高冬小麦产量具有重要意义。

4.1.1　指标

冬小麦种植的适宜性采用最大熵模型和影响种植的5个主导气候因子(月平均温度、极端最高气温平均值、极端最低气温平均值、年平均气温、年平均降水量)计算种植物气候适宜性指数。该方法考虑了农业气候资源与农业气象灾害的综合影响,可以较好地反映种植物的气候优势区域分布,对种植物的区域布局和科学规划具有重要的参考意义。

4.1.2　冬小麦适宜种植区分布特征

从图4-1上可以看到,冬小麦最适宜种植区主要在朗镇西部和仲达镇北部。次适宜区分布在洞嘎镇中南部。

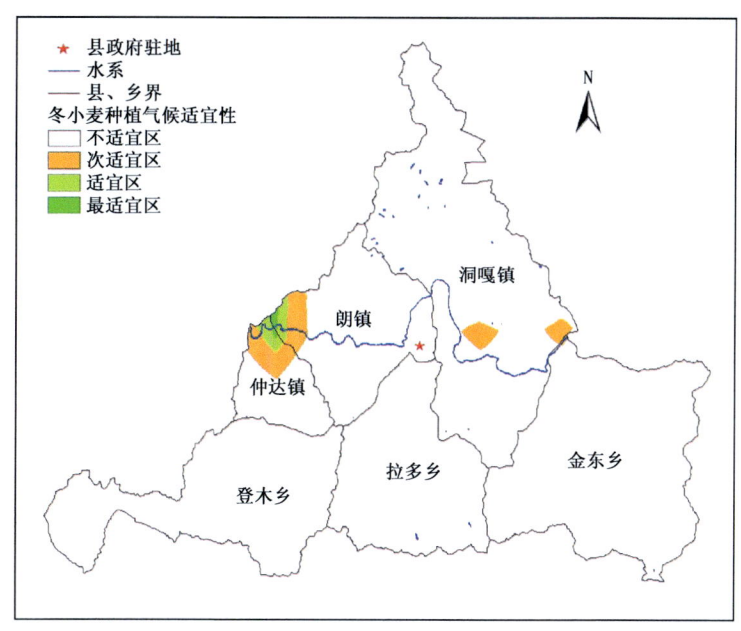

图 4-1　林芝市朗县冬小麦种植气候适宜性区划图

4.2　青稞

青稞又称裸大麦，分为白青稞、黑青稞、墨绿色青稞等种类。青稞在青藏高原具有悠久的栽培历史，距今已有 3500 年。青稞主要分布在海拔 4200~4500 米的高寒地区。青稞的根系属须根系，由初生根和次生根组成。青稞茎直立，空心茎。青稞有很高的营养价值，青稞是世界上麦类作物中 β-葡聚糖最高的作物。

4.2.1　指标

青稞种植的适宜性采用最大熵模型和影响种植的 5 个主导气候因子（月平均温度、极端最高气温平均值、极端最低气温平均值、年平均气温、年平均降水量）计算种植物气候适宜性指数。选取每年各地出现干旱的日数作为致灾因子，承灾体易损性主要考虑人口密度、地均 GDP 和耕地面积的比例，而防灾减灾能力主要考虑了社会经济的发展。

4.2.2　青稞适宜种植区分布特征

从图 4-2 可以看到，根据青稞的气候适宜性，青稞最适宜种植在朗镇至洞嘎镇沿河(江)一线及仲达镇、拉多乡和金东乡的西北部。

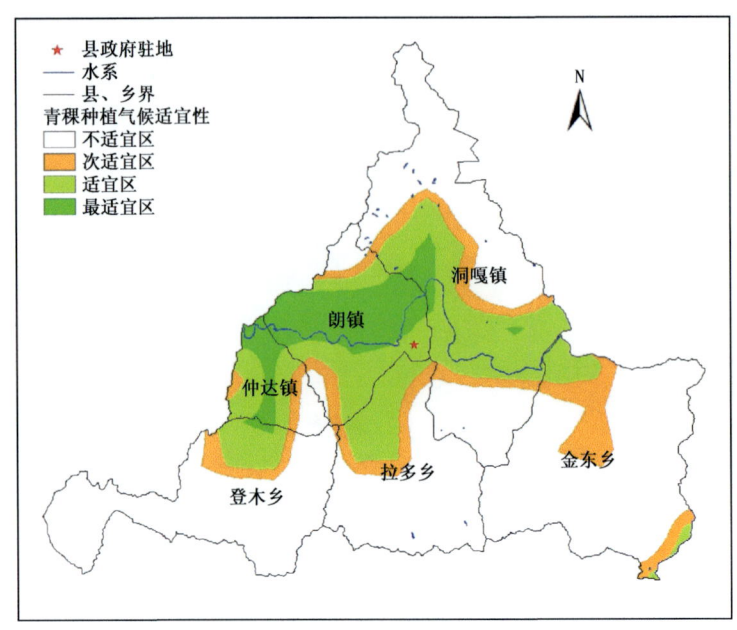

图 4-2 林芝市朗县青稞种植气候适宜性区划图

4.3 油菜

油菜又叫油白菜，苦菜，主要栽培(品种)类型为：白菜型油菜(Brassica rapa (campestris) L.)，芥菜型油菜(Brassica juncea L.)，甘蓝型油菜(Brassica napus L.)。朗县以白菜型油菜为主，油菜营养丰富，其中维生素 C 含量很高。油菜是喜冷凉、抗寒力较强的作物。常规的菜籽油富含芥酸，而亚油酸和油酸等人体必需脂肪酸含量较低，导致高芥酸菜籽油的营养价值低于大豆油等植物油。但菜籽油在人体中的消化率平均能达 99%，为所有植物油中最高者。

4.3.1 指标

油菜种植的适宜性采用最大熵模型和影响种植的 5 个主导气候因子(月平均温度、极端最高平均值、极端最低平均值、年平均气温、年平均降水量)计算种植物气候适宜性指数。

4.3.2 油菜适宜种植区分布特征

从图 4-3 可以看到,根据油菜种植气候适宜性,油菜最适宜区主要分布在朗镇至洞嘎镇沿河(江)一线及仲达镇中北部、洞嘎镇西北部和东南部。

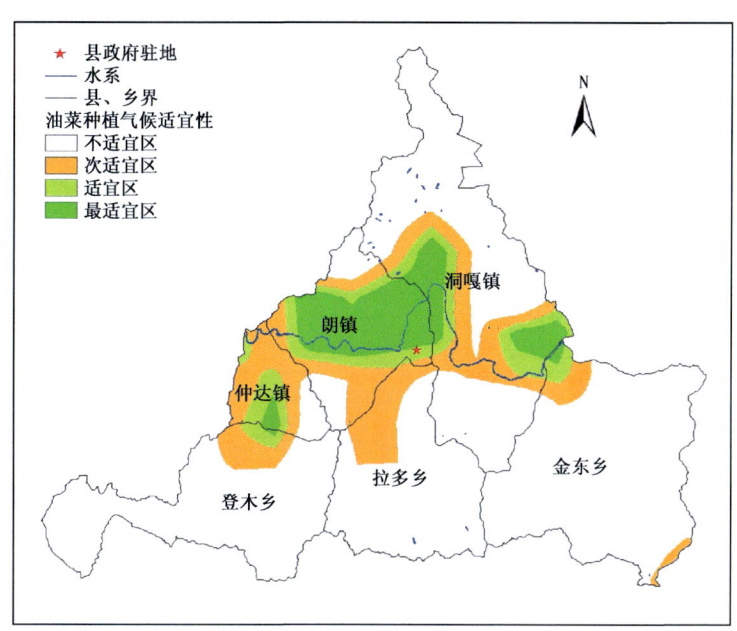

图 4-3 林芝市朗县油菜种植气候适宜性区划图

第 5 章　气象灾害防御现状

5.1　工程类气象灾害防御现状

5.1.1　朗县防洪堤工程现状

由于地处尼洋河下游,朗县汛期容易遭受洪水侵袭,经多年治理,目前城区段已建有防洪堤总长为 1.799 千米,防洪堤设计防洪标准均为 30 年一遇,2018 年朗县雅江出现超 50 年一遇洪水。

5.1.2　朗县灌溉干渠工程现状

朗县朗镇罐区工程,投资 3015.95 万元,该项目朗县段 2016 年 10 月中旬开工,截至年底,已完成 1750 万元,占总投资的 70%；朗县金东乡人工饲草基地灌溉工程,投资 831.33 万元,于 2017 年 3 月 10 日开工建设,截至年底已经完成建设。

5.1.3　朗县地质灾害防治工程现状

为查清朗县地质灾害隐患发育分布情况、保护人民群众生命财产安全做好地质灾害防治部署工作,经朗县自然资源局 2019 年汛前排查 138 处,其中 47 处多年未发生或因各种自然、人为等原因已灭失、隐患已消除、已治理的进行了注销,剩余 91 处,其中按照地质灾害类型划分崩塌 39 处、泥石流 27 处、滑坡 25 处。2017 年 5 月 10 日,自然资源局会同洞嘎镇人民政府、镇卫生院、镇派出所在洞嘎镇聂村开展突发地质灾害应急模拟演练,参与群众 52 人,共发放宣传单 104 份,通过演练进一步检验朗县地质灾害防治工作效果,提高群众防灾减灾意识,增强应对突发地质灾害的抵御能力,为今后面对突发地质灾害积累宝贵经验。2017 年,自然资源局邀请地质专家开展 4 处安居点地质灾害危险性评估工作,为下一步防治地质灾害提供科学依据。

5.1.4　防雷工程现状

为进一步推进气象行政审批制度改革的实施,加强对取消的行政审批事项事后的监管和衔接工作,并按照《西藏自治区气象局关于做好划转期防雷许可工作的通知》(藏气办发〔2016〕14号)、《关于贯彻落实〈国务院优化建设防雷工程许可决定〉的通知》做好了转化期各项工作,正常开展防雷设计审核、竣工验收和防雷检测工作,并于2016年10月16日,与住建相关部门沟通、协调防雷许可交接事宜。同时防雷检测所依法规范新建、改、扩建构筑物及易燃易爆场所防雷设计审核、施工监督、竣工验收等工作;同时联合应急管理、消防等部门对易燃易爆场所安全生产进行大检查以来,加强易燃易爆场所防雷装置安全检查,对存在安全隐患的及时下发整改通知书,并督促整改。目前朗县各部门联合治理易燃易爆场所安全生产工作,对存在安全隐患的设施都逐一在整改。

为了更好地开展朗县易燃易爆场所安全监督工作,最大限度地减少因雷击事故造成的人员伤亡和财产损失,防雷安全检测服务已纳入朗县政府购买服务的方式。在做好防雷科普宣传工作的同时,对朗县及周边易燃易爆场所进行图纸审核、竣工验收及年检工作。

5.1.5　气象灾害监测网现状

朗县境内现有1个(朗县本站)6要素自动气象监测站,根据2019年山洪工程林芝市贫困县乡镇地面天气站建设项目要求,2019年8月已建成5个(登木站、仲达站、拉多站、洞嘎站、金东站)5要素自动气象监测站,覆盖朗县全部乡镇,目前全部已投入运行。同时2019年9月15日按照中央财政"三农"服务专项实施方案要求,朗县气象局在洞嘎镇卓村已建成农田小气候观测站,为地方特色农产品气象"直通式服务"奠定基础。

5.2　非工程类气象灾害防御现状

5.2.1　气象灾害管理体制、机制和法制建设取得重要进展

近年来,西藏自治区气象主管机构先后公布实施了防洪、气象灾害防御、地质灾害防御等法规,防灾减灾政策法规体系不断健全。西藏自治区有关气象灾害防御的法规主要包括《西藏自治区突发公共事件总体应急预案》《西藏自治区气象条

例》《西藏自治区气象灾害防御办法》《西藏自治区气象灾害应急预案》《西藏自治区防雷减灾管理办法》《西藏自治区水文管理办法（修订）》等。2007年西藏自治区人民政府下发了《关于贯彻国务院办公厅关于进一步加强气象灾害防御工作意见的实施意见》《林芝市气象灾害应急预案》，2018年修订了《朗县气象灾害应急预案》，出台了各乡镇《气象灾害应急预案》，这为朗县开展气象灾害防御提供了重要支撑，指明了方向。

5.2.2　气象灾害监测预警预报体系初步建成

近年来，气象部门加快气象灾害监测现代化建设的同时，重点加强了"三性天气"（灾害性、关键性、转折性天气）的预警预测，先后开展了森林火险等级预报、地质灾害等级预报、交通气象专报、旅游景点预报等气象服务工作。为了更好地开展气象预警预报业务，2011年建成了卫星数据广播系统（CMACast），随着数值预报模式产品种类不断增多，监测预报能力的不断提高，气象部门不断增加和提高气象资料广播的种类、数量、时效性和可靠性，满足了县级气象部门开展气象预报服务的需求，为本区域内应对洪涝、干旱、雪灾等气象灾害预报服务提供第一手资料。天气预报视频会商系统，使上级业务部门方便、及时指导县级气象灾害监测、预警预报、服务提供了平台，加之西藏一体化平台的建设，中国气象局天气业务内网上数值预报产品准确率的不断提高，对各类极端天气的预报也随之提高，这使得朗县的灾害监测预警预报能力和气象防灾减灾能力不断增强。

5.2.3　气象灾害预警预报信息传播手段不断增多

朗县气象局利用县级公共服务平台、西藏农牧经济信息网、全国智慧气象信息员管理平台、微信群等向公众发布预报。通过气象预警预报信息平台和西藏自治区突发公共事件预警信息发布系统（简称"省突系统"），向县级党政领导、防汛指挥部成员单位，自然资源局、农业农村局、交通运输局、气象信息员等发布预警信息，预警信息传播覆盖到每一个乡镇、村委、气象信息员。

为深入贯彻落实国办〔2007〕49号文件、《西藏自治区人民政府关于贯彻落实国务院办公厅关于进一步加强气象灾害防御工作意见的实施意见》（藏政办发〔2007〕65号）、西藏自治区气象局《关于积极开展气象灾害信息员队伍建设工作的通知》（气科函〔2008〕23号）等文件，在市气象主管机构的统一部署下，加强乡（镇）、村级气象信息员队伍建设工作，对气象信息员进行了系统培训，发放了防灾科普图书，提高了气象信息员的知识水平和业务能力，充分发挥基层信息员的"传递员"和"志愿兵"作用,使气象服务信息能够更加及时、准确、便捷地送到基层农牧民的手中,在对强化基层气象防灾减灾工作,提高气象服务产品效益,服务"三农"起到积极作用。

目前,朗县气象信息员共有191人,主要由当地公务员和农牧民组成,信息员覆盖到所有乡镇、村,特别是重点加强了219省道和容易发生气象灾害区域的覆盖。气象信息员的存在为提高边远、偏僻农牧区和气象灾害多发区的气象信息服务覆盖面,有效解决气象预警信息"最后一公里"的问题,及时把气象信息传递给社会公众,发挥了巨大的作用。

5.2.4　科普宣传和部门交流合作机制初步形成

每年利用"3·23"世界气象日、"5·12"防灾减灾日、安全生产月、虫草采挖时期科普下乡,在各乡镇设立科普宣传栏等组织开展多种形式的防灾减灾科普活动,广泛宣传防灾减灾知识,提高公众安全防范意识和自救互救技能,公众应用气象信息的能力逐步增强。与农业农村、水利、林业和草原、交通运输、民政、电视台、自然资源、卫计委、文化和旅游、林芝市生态环境局朗县分局等部门制定防灾减灾协作机制,通过建立协作机制,签订合作协议有效集合各部门技术优势,形成有效处置应对气象灾害的合力,在推动当地经济社会的可持续发展中起到了重要作用。目前,初步建立起了"党委领导、政府主导、部门联动、社会参与"的气象灾害防御体系。

不断加强应急管理,建设应急体系,各乡镇出台了气象灾害应急预案,各村成立了气象灾害应急行动计划小组,明确职责,组织气象灾害应急演练,确保气象服务及时、到位,提高气象灾害应急处置能力。

5.3　主要问题和面临形势

5.3.1　主要问题

与朗县经济社会发展的需求相比,气象综合防灾减灾能力在诸多方面还存在不相适应的地方。

一是政府主导、部门协调、全社会共同参与的气象防灾减灾联动机制还不够健全。部门间合作和信息共享不充分,联动机制不完善,防灾体系不完备。气象部门需要与各级政府、企业、社区等建立更加密切的联动机制。

二是极端天气气候事件以及局地灾害性天气的综合监测系统尚不完善。缺乏对本地基本的天气气候背景和气候变化事实的深层次研究,尤其是极端天气气候事件及局地性、中小尺度灾害性天气的成因和演变机理认识尚不十分清楚,天气气候灾害和高影响事件的预报预警能力亟待提高。

三是气象灾害防御基础设施建设仍很薄弱。一些灾害多发地的避灾场所建设滞后,防灾减灾工程措施不完善、标准偏低,农村基础设施防御气象灾害的能力弱,对重大气象灾害的防御能力仍显不足。现有的防洪工程主要集中在大江大河、重要城镇,而一些中小河流及乡村防洪安全问题越来越突出。城乡规划、重点工程建设、资源开发利用等气象灾害风险区划评估制度尚未完全建立。

四是常规气象信息的全覆盖率、公众气象服务的多样性、决策气象服务的针对性、专业气象服务的科技含量还不能很好地满足经济社会发展日益增长的需求。气象预警信息进村入户还存在发布手段和方式单一、发布渠道不畅、发布时效差等诸多问题,而且很多偏远的山区至今仍是气象灾害预警信息覆盖的盲区。

五是气象科普的宣传力度不够。气象防灾减灾科普知识宣传进学校、进社区、进农村活动还主要集中在城镇及其周边地区。中小学气象灾害应急避险与自救互救知识普及率不高。边远、偏僻农牧区的大多数群众接收和使用气象预警信息、防灾减灾常识规避自然灾害,进行自救互救的意识和能力亟待提高。

六是防灾减灾资源普查、灾害风险综合调查评估等方面工作不够深入,各类灾害风险分布情况不详,隐患监管工作基础薄弱。

5.3.2 面临的形势

随着全球气候的变暖,朗县的气候条件也随之发生着变化,根据近30年气象资料分析,年平均气温上升趋势明显,特别是2000年以后上升幅度加剧,超过历年平均值(9.7℃),其中2009年达到最高10.3℃。受其影响,干旱、雪灾、局地强降水、冰雹、雷电、霜冻等气象灾害及山洪、滑坡、泥石流、雪崩、病虫害等次生衍生灾害更加易发、多发,且强度加大,造成的影响和损失加重。气象防灾减灾已经成为关系千家万户、关系社会稳定、关系发展大局的一项重要工作。社会各界对气象灾害监测、预报、预警和防范的需求也越来越大,要求越来越高。加强气象防灾减灾既是深入贯彻落实科学发展观、保障人民群众生命财产安全和经济发展、社会稳定的迫切需要,也是构建和谐社会、全面建设小康社会的重要任务。

面对当前严峻的形势以及未来可能更加严重的挑战,编制气象灾害防御规划显得尤为重要。

第 6 章 气象灾害防御措施

6.1 非工程性措施

气象灾害防御工作实行以人为本、政府领导、科学防御的原则。区、乡、镇人民政府应当组织、领导和协调本县气象灾害防御工作,将气象灾害防御工作纳入本级国民经济和社会发展规划,所需经费纳入本级财政预算。朗县气象局作为朗县气象主管机构,在上级气象主管机构和本级政府领导下负责气象灾害防御工作,负责管理本行政区域内气象灾害的监测、预报、预警、评估以及雷电灾害防御、气候可行性论证和人工影响天气等工作。发展改革、财政、城乡建设、经济和信息化、国土资源、交通运输、农业农村、林业和草原、水利、教育、民政、规划、卫计委、林芝市生态环境局朗县分局等部门应当按照各自职责分工,共同做好气象灾害防御工作。公民、法人和其他组织有义务参与气象灾害防御工作,在气象灾害发生后开展自救、互救。鼓励公民、法人、双联户户长和社会组织依法参加气象灾害防御志愿气象信息员队伍活动。

6.1.1 防灾减灾指挥系统

突发应急系统 朗县气象防灾减灾指挥部作为县政府的应急管理机构,统一协调灾害应急管理工作,应建立突发公共事件应急平台,完善应急响应工作机制,形成科学决策、统一指挥、分级管理、反应灵敏、协调有序、运转高效的气象灾害应急救援体系,提高政府应对突发公共事件的能力。应急平台包括应急日常值守、预案管理、信息共享(实现各相关部门间气象灾害信息实时快速交换网络)、应急处置、指挥调度等功能,实现智能化和数据化,确保决策的科学性。县人民政府应当根据县级气象灾害应急预案、定期开展气象灾害应急演练,根据当地气象主管机构所属气象台(站)发布的气象灾害预警信息,及时启动和终止相应的应急预案。气象灾害应急预案的启动和终止,应当及时向社会公布,并向区人民政府报告。区人民政府所属各相关部门、乡（镇）人民政府、街道办事处应当根据气象灾害预警信息，及时启动和终止气象灾害防御应急预案。任何单位和个人发现气象灾情，有义务向当地人民政府和气象主管机构、民政部门报告相关灾情信息。

防汛抗旱指挥系统 县政府设立防汛抗旱指挥机构，办公室设在水利局，实行统一领导、分级负责，乡（镇）、村、企事业等基层单位，根据需要设立防汛抗旱办事机构，负责本行政区域或本单位的防汛抗旱和水利工程险情处置工作。出现灾情时及时向区气象防灾减灾指挥部报告，传达上级的各项指令并按指令对有关防汛抗旱工程进行调度，联络、协调各成员单位和各乡镇防汛、抗旱、抢险、救灾工作。

部门防灾减灾系统 气象主管机构和本级政府相关部门负责气象灾害防御工作，气象主管机构负责管理本行政区域内气象灾害的监测、预报、预警、评估以及雷电灾害防御、气候可行性论证和人工影响天气等工作。当预警监测到可能有重大灾情发生时，应及时成立相应的气象灾害防御临时指挥部，临时指挥部办公地点设在气象局、自然资源局。指挥机构要迅速反应，根据灾害应急预案，及时向有关单位布置防灾减灾工作。气象局应逐步建立气象多灾种预警指挥中心，加强气象灾害防御管理，减少或避免因灾害带来的损失。

农村气象灾害防御机制建设 建立以预防为主的气象灾害风险管理机制，积极推进县级政府编制和实施气象灾害防御规划，并纳入地方的发展规划中。深入开展农村气象灾害风险调查、区划和评估，开展对农村中小学校舍和民房设施建设的气象灾害风险评估以及雷电灾害防御等的工程性建设，提高农村防范气象灾害风险的能力。完善农村气象灾害防御体系，通过各乡镇气象信息员，开展乡镇、村气象协理员和信息员队伍建设，建立农村气象科普网络，实现组织机构到乡（镇）、精细预报到乡（镇）、自动观测到乡（镇）、应急预案到乡（镇）、风险调查到村、科普宣传进村、预警信息发布到户、灾害防御责任到人的目标，彻底解决气象灾害预警发布的"最后一公里"问题。县人民政府应当通过气象信息服务站，设立气象协理员，每个行政村配备2～3名气象信息员。气象信息服务站承担气象防灾减灾任务和气象预警信息的有效传播工作；承担农村气象科普和防灾减灾知识的宣传、咨询工作；承担气象灾情收集上报工作；承担本地自动气象站、土壤水分站、乡（镇）气象信息服务站业务平台和气象预警信息接收和播发设施的日常运行维护工作。居（村）民委员会，以及学校、医院、车站、建筑工地、旅游景点等人员密集场所的管理单位应当设立气象信息员。气象信息员负责气象灾害预警信息接收和播发设施的运行维护，以及气象灾害防御知识宣传、应急联络、信息传递、灾害报告和灾情调查等工作。

6.1.2 灾害监测系统

建立结构合理、布局适当、功能齐备的气象灾害综合探测系统。自2007年建立了朗县第一个自动站，截至2019年8月共建立6个气象自动站，覆盖了各乡镇，气象监测实现了全面自动化。建设气象设施应当符合气象设施建设规划和气象设施建设标准规范，并报当地气象主管机构备案。县人民政府与当地气象局应当在城区和乡村，配备应急移动气象灾害监测设施；在气象灾害易发区域和气象灾害重点防御区域，共建气象灾害监测站点；在农村暴雨和地质灾害易发区域，共建自动气象站；构建西藏特有的多要素、立体化、可移动气象灾害监测网络，提高实时监测能力。有针对性地提高相关气象灾害监测能力，在灾害易发生点建设自动观测设备。建立多部门资料共享机制，提高气象监测信息综合获取能力。

6.1.3 预报预测预警系统

进一步做好灾害性、关键性、转折性重大天气的监测、预警预测，建立和完善气象灾害监测预警业务系统，加强精细化预报能力建设，实行从灾害性天气预报向气象灾害预报的转变。

提高气象灾害精细化预报警报质量，完善气象预报预警业务流程，实时发布灾害性天气和气象灾害的种类、强度、落区的警报，开展交通气象、农业气象、地质灾害气象、林业气象、水文气象、环境气象、电力气象等灾害预警和评估。

6.1.4 综合信息发布平台

完善突发气象灾害预警信息发布制度；依托气象部门的气象业务和气象信息发布系统，建立权威、畅通、有效的朗县突发公共事件和气象灾害预警信息发布系统。朗县气象局应当及时将气象灾害预报预警信息报告本级人民政府，通报相关部门，并根据法定职责向社会统一发布。其他组织和个人不得向社会发布气象灾害预警信息。报纸、网络等媒体应当及时、准确、无偿向社会刊播当地气象主管机构提供的气象灾害预警信息，电信运营商也应针对气象灾害预警信息开通绿色通道，并根据当地气象台（站）的要求及时免费发布和增播、插播或刊登气象预警信息。

6.1.5 防灾科普教育工程

充分利用各种资源,建立完善气象科普基地和气象科普展室。制作气象防灾减灾公益广告,开发气象防灾减灾宣传教育产品,编制系列防灾减灾科普读物、挂图和音像制品,编制防灾减灾宣传案例教材。利用网络、宣传栏等各种媒体,开展形式多样的气象灾害防御宣传教育活动。加强农村气象防灾减灾知识的科普宣传,通过多种形式普及农村气象防灾减灾知识,增强农牧民的防灾减灾意识和自救互救能力。加强气象灾害防御技术培训,做好基层气象协理员和信息员队伍培训工作,深入组织开展气象灾害防御示范社区(村镇)创建活动。

6.2 工程性措施

6.2.1 防汛抗旱工程

以河流险段及山洪灾害多发区为防汛抗洪重点区域,加强重点防洪工程的防汛抗洪能力建设,进一步完善城镇防洪工程建设,提高城市防洪除涝能力、完善区等重要堤防工程。

根据西藏自治区重点地区中小河流治理规划,建立中小河流和山区与大江大河防洪减灾体系相协调的区域防洪减灾体系为目标,以乡镇以上城镇作为重要防护对象的中小河流(或河段)开展现状特性指标及现状治理情况调查,分析灾害特性、成因,评价现状防御能力,结合区域地形条件,提出治理规划方案。加强重点地区中小河流治理,加大山洪灾害、冰湖灾害防治工作力度,完善预警、预报、调度指挥等非工程建设,提高应急反应和抢险救灾能力。

6.2.2 城市防洪工程

加强城镇防洪基础设施建设,完善提升朗县现有防洪工程和地下水管网设施,城区段达到防御30年一遇洪水标准,重点乡镇达到防御10年一遇洪水标准。

疏通河道、洪道,由控制洪水转变为洪水管理,兼顾泥石流、山洪灾害的预防和工程体系的建设,加强城市河沟的综合治理,确保人民群众生命财产的安全。

6.2.3 人工影响天气工程

受气候变化和环境影响,近年来朗县干旱、雷电、冰雹等灾害时有发生,为合理开发和利用空中水资源,改善生态环境,应加大人工影响天气工程建设投入力度,加强人工影响天气作业能力建设,提高干旱、冰雹、森林火灾等灾害的人工影响天气应急作业水平。

6.2.4 防雷工程

加强雷电探测、预警预报和防雷设施建设;针对不同的建(构)筑物或场所、不同的信息系统及电子电气设备、不同的地质地理和气象环境条件,开展雷电风险评估,量身定制雷电防护方案与防雷措施;按计划推进农村防雷示范村和示范工程建设。

在雷电灾害高发区和未建立防雷设施的中小学校内建设建筑物直击雷防护系统;在校内设有远程教育卫星接收、计算机网络等设备的电教楼中建设感应雷防护系统。

6.2.5 应急避险工程

朗县各乡镇、行政村要根据当地实际,利用村落、学校、广场、公园、空旷高地等地点设立气象灾害应急避难场所,设立明确标示,规定紧急转移路线;避险场所要求地势较高、不受山洪和地质灾害影响、交通便利、防雷设施检测合格、能抵御12级以上大风和40厘米以上积雪等重大灾害性天气的袭击,医疗救治、电力供应、救灾物资有保障。在公路沿线气象灾害易发地段,设立警示标志。

6.2.6 信息网络工程

建立气象灾害监测资料实时传输网络;完善国家、自治区、市、县气象高速宽带网和气象会商系统;完善气象预警信息发布系统;完善突发公共事件应急平台和防汛抗旱指挥部信息网络工程建设。

6.2.7 应急保障工程

加强应急保障工程建设,完善应急保障机制;充分利用国家公共突发事件应急发布平台,实施全程监测预警,提供跟踪气象服务,为应急处置、决策服务提供科学支撑。县级区域、流域建设开发利用规划,以及工业、农业、林业、水利、交通、旅游、电力等专项规划,应当符合气象灾害防御规划的相关要求。城乡规划、重点领域或者区域发展建设规划、重大区域性经济开发、区域农(牧)业结构调整建设项目,大型太阳能、风能等气候资源开发利用建设项目,重大基础设施、公共工程、大型工程建设项目等与气候条件密切相关的规划和建设项目应当进行气候可行性论证。建设项目选址规划应当符合气象灾害防御的要求,申请核发选址意见书时,应当提交气象主管机构依法出具的意见书。易燃易爆物品、危险化学品等危险物品的生产、经营、储存场所,体育场馆、影剧院、大型商场、宾馆、医院、学校、车站等人员密集场所,供水、供气、供电、供热等市政公用工程,高层建筑、各类发射塔和观测塔、通信枢纽、计算机信息系统、广播电视设施等重点工程等新建、改建、扩建建(构)筑物建设项目应当进行雷电灾害风险评估。

6.3 分灾种的气象灾害防御措施

6.3.1 干旱防御措施

朗县一带降水时空分布不均,干、湿季分明,一般发生冬春连旱或初夏干旱,对森林防火、农作物产量带来影响。在防御对策上主要可以采取以下措施。

(1)加强干旱监测预报。重视干旱监测预报,开展土壤墒情监测,对干旱灾害高风险区,开展干旱预测,实现旱灾的监测预警服务。

(2)重视水利工程建设。加强农田水利建设,着力发展各类投资少、见效快的小型水利工程建设。推广应用先进的喷灌、滴灌等节水灌溉技术,提高水资源利用率。

(3)适时开展人工增雨,合理开发利用空中水资源,改善生态环境,减少干旱损失。

6.3.2 强降雨洪涝防御措施

朗县主要受印度洋暖湿气流的影响,境内属温带半湿润季风气候,雨水集中,多强降水,雨水汇流速度快,河道湖泊洪水陡涨陡落,来势凶猛,造成灾害巨大。因而洪涝的影响集中体现在洪涝灾害伴随引发的泥石流、滑坡、塌方等,造成公路、交通、电力、通信等设施中断。在防御对策上主要可以采取以下措施:

(1)加强气象、水文、水利部门的合作和信息交流,建立信息共享平台,加强强降雨预报预警,根据预报及时做好强降雨来临前的各项防御措施;

(2)在洪涝高风险区,应提高水利设施的防御标准,降低强降雨洪涝灾害发生的风险性;对防洪工程开展综合治理,修筑堤防,整治河道,合理采取蓄、泄、滞、分等工程措施,加强防洪应急避险;居住在山体易滑坡和低洼地带等危险区域的人群,应及时转移避让。

6.3.3 霜冻防御措施

由于近几年持续出现暖冬,冬季气温比较高,各种作物抗冻能力差,而春季(2—4月)强冷空气入侵,导致大范围降温,造成大面积的霜冻灾害。在防御对策上主要可以采取灌溉、熏烟、喷药剂等措施。

(1)应增强霜冻的预警预报能力,及时发布预警信息,提醒相关部门和公众按照防御指南做好防冻保暖。

(2)农业部门应根据各地经济作物种植情况,加强科学指导,积极采取科学防冻措施。牧区在低温期间,养殖棚舍应注意保暖,防止牲畜抵抗力下降而引发各类疾病。

6.3.4 雪灾防御措施

朗县因海拔落差及气温分布差异大,出现大面积的雪灾概率比较低,因此一般雪灾主要集中在高海拔区域的牧区,特别是对拉贡塘高海拔牧场的道路交通影响比较大。从当年11月至次年4月,由于短时的强降雪,易引发雪崩、泥石流、塌方等融雪性地质灾害,造成道路交通、电力、通信中断。

在防御对策上主要可以采取以下措施:加强强降雪监测预警预报,落实防雪灾和防冻害应急工作,加强气象与农牧、交通、电力、通信等部门的协作和联动,开展雪灾防御工作。

6.3.5 雷电防御措施

加强雷电监测与预警。按照"布局合理、信息共享、有效利用"的原则,规划和建设雷电监测网,提高雷电灾害预警和防御能力,及时发布、传播雷电预警信息,扩大预警信息覆盖面,提前做好预防措施。

加强雷电技术服务。规范和加强防雷基础设施的建设;做好雷电风险评估、防雷装置设计技术性审查和防雷装置检测工作。

加强科普教育宣传。加强雷电科普知识和防雷减灾法律法规宣传,提高群众的防雷减灾知识,增强群众自我防护和救助能力,有效减轻雷电灾害损失。

6.3.6 冰雹防御措施

提高冰雹监测和预报水平。开展冰雹等强对流大气预报技术研究,探索冰雹临近预报,进一步提高预报准确率。

加强人工影响天气防雹作业。通过人工影响天气减轻冰雹危害。

6.3.7　大风防御措施

加强大风监测预报预警。气象部门应做好大风监测预报并及时向社会公众发布大风预警信息和防御指南。

加强大风灾害防御。冬春多大风,应根据防御指南,及时科学地加固棚架、临时搭建物、广告牌及现代农业设施。出现大风时,停止露天集体活动,停止高空、户外作业。

6.3.8　地质灾害防御措施

朗县受印度洋暖湿气流的影响较大,降水量较充沛,多强雨雪天气,同时主要城镇、村庄、公路大多分布在江河、河谷两岸,属高山峡谷区,地质环境脆弱,因此经常出现泥石流、塌方及融雪性地质灾害,冲毁公路、农田、村庄及水利、电力、通信设施,造成严重的经济损失。灾害点多、分布面广、突发性强、危害大,是地质灾害易发区和多发区的主要特点。

地质灾害具有自然和社会的双重属性,地质灾害具有可区划性和可监测预警性。在防御对策上主要可以采取以下措施。

(1)建立地质灾害监测体系,根据地质灾害危险等级区划,对受地质灾害威胁的主要村镇干部群众进行防御地质灾害知识的培训,建立乡村群测群防体系。把高新技术、常规监测和群测群防结合在一起,发挥监测体系的整体效益。

(2)建立健全地质灾害预报预警系统,提高气象地质灾害预报预警能力和水平,也是降低地质灾害损失的重要措施之一,因此气象部门要进一步提高天气预报准确率,加强与国土部门的合作,每年汛期开展地质灾害等级预报预警工作。

(3)随着社会经济的飞速发展,乡村公路建设、旅游景点、矿产资源的开发,这些人类活动增加了地质灾害发生的可能,在建设过程中应尽量减轻对原始森林、自然植被和山体的破坏。以《西藏林芝市地质灾害防治规划》依据,实施以"预防为主、避让与治理"相结合的原则,对拟建工程建设项目选址进行地质灾害危险性评估。

6.3.9　森林火灾防御措施

森林火灾有自然的因素,也有人为的因素,在防御措施上应长期坚持预防为主的思想。

(1) 建立健全森林火灾的监测和火险等级预报工作

朗县原始森林密布,山高谷深,通信盲区多,充分利用气象卫星监测技术,对森林火灾进行适时监测;在冬春季节林火多发期,制作森林火险等级预报。

(2) 加强森林防火制度、加强野外用火管理

加强森林火险监测监控。在森林防火特殊期,关注森林火险等级预报,安排人员24小时值守班;加强火源管理,严控火种进山,减少火险隐患,最大限度遏制火灾发生。县、乡二级政府对森林火灾要有强烈责任意识,建立无重大森林火灾的责任约束。每年各级政府层层签订森林防火责任状,建立县长、乡长、村长以及林业局局长和林场场长负责制度。加强进山人员的管理,在重点进山路口和重点林区增设检查站,杜绝火种入林,对野外用火加强管理,教育进入林区人员自觉做到不用火、不吸烟、不野炊,彻底消除隐患,做到防患于未然。

(3) 加强森防消防宣传教育,提高全民森林防火意识

每年森林防火期在街道、路口、入山口等处书写标语口号等多种形式,对森林防火法律法规和森林防火常识,组织开展广泛宣传活动,全面提高广大群众法制意识及安全意识。

第 7 章 气象灾害防御管理

7.1 气象灾害防御管理组织体系

7.1.1 组织机构

形成统一领导、综合协调,相关部门各负其责、有效联动的应急减灾组织体系。成立朗县气象防灾减灾指挥部,负责气象灾害防御管理的日常工作,分管县长任总指挥长,指挥部成员应当包括气象、发展和改革委员会(简称"发改委")、民政、水利、农业农村、应急管理、交通运输、自然资源等相关部门负责人。乡(镇)级成立气象灾害防御领导小组由分管乡(镇)长负责气象灾害防御工作,行政村村主任为本区域气象灾害防御责任人。各乡镇按"八有"(有工作场所、人员配备、风险评估、应急处置、预警手段、宣传培训、防灾减灾志愿者及长效发展机制)标准组建气象信息服务,明确分管领导,落实气象灾害防御任务。

7.1.2 工作机制

建立健全"党委领导、政府主导、部门联动、分级负责、全民参与"的气象灾害防御工作机制。加强领导和组织协调,层层落实"责任到人、纵向到底、横向到边"的气象防灾减灾责任制。加强部门和乡镇分灾种专项气象灾害应急预案的编制和管理工作,并组织开展经常性的预案演练。健全"县、乡(镇)、村"三级信息互动网络机制,完善气象灾害应急响应的管理、组织和协调机制,提高气象灾害应急处置能力。

7.1.3 队伍建设

加强气象灾害防范应对专家队伍、应急救援队伍、气象信息员队伍和气象志愿者队伍建设。乡镇和有关部门应设置气象协理员职位,明确气象协理员任职条件和主要任务,在行政村(社区)设立气象信息员,在有关企事业单位、关键公共场所以及人口密集区建立气象志愿者队伍。不断优化完善协理员队伍培训和考核评价管理制度。

7.2 气象灾害防御制度

7.2.1 风险评估制度

风险评估是对面临的气象灾害威胁、防御中存在的弱点、气象灾害造成的影响以及三者综合作用而带来风险的可能性进行评估。建立城乡规划、重大工程建设的气象灾害风险评估制度。建立相应的强制性建设标准,将气象灾害风险评估纳入城乡规划和工程建设项目行政审批内容。确保在规划编制和工程立项中充分考虑气象灾害的风险性,避免和减少气象灾害的影响。气象局组织开展本辖区气象灾害风险评估,为当地政府经济社会发展布局和编制气象灾害防御方案、应急预案提供依据。风险评估的主要任务是识别和确定面临的气象灾害风险,评估风险强度和概率以及可能带来的负面影响和影响程度,确定受影响地区承受风险的能力,确定风险消减和控制的优先程度与等级,推荐降低和消减风险的相关对策。

7.2.2 部门联动制度

部门联动制度是全社会防灾减灾体系的重要组成部分,应加快减灾管理行政体系的完善,出台明确的部门联动相关规定与制度,提高各部门联动的执行意识和积极性。针对气象灾害、安全事故、公共卫生、社会治安等公共安全问题的划分,进一步完善政府与各部门在防灾减灾工作中的职能与责权的划分,加强对突发公共事件预警信息发布平台的应用,做到分工协作,整体提高,强化信息与资源共享,加强联动处置,完善防灾减灾综合管理能力。

7.2.3 应急准备认证制度

气象灾害应急准备认证制度,是对乡镇、气象灾害重点防御单位、普通企事业单位、农业种养大户等的气象防灾减灾基础设施和组织体系进行评定,以此促进气象灾害应急准备工作的落实,提高气象灾害预警信息的接收、分发、应用能力和气象灾害的监测、报告、应对能力,从而确保重大气象灾害发生时,能够有效保护人民群众的生命财产安全。为有效促进和提高基层单位的气象灾害应急准备工作和主动防御能力,推动全社会防灾减灾体系建设,要按照西藏自治区人民政府颁布的《西藏自治区气象灾害应急准备工作认证管理办法》《西藏自治区气象灾害应急准备工作认证实施细则》,实施气象灾害应急准备认证制度。

7.2.4 目击报告制度

目前,气象设施对气象灾害的监测能力虽然有了显著增强,但仍然存在许多监测缝隙,需要建立目击报告制度,使气象部门对正在发生或已经发生的气象灾害和灾情有及时详细的了解,为进一步监测预警打下基础,从而提高对气象灾害的防御能力。各乡镇及村气象协理员、气象信息员应及时收集上报辖区内发生的灾害性天气、气象灾害、气象次生灾害及其他突发公共事件信息,并协助气象部门进行灾害调查、评估与鉴定。鼓励社会公众在第一时间向县气象局上报目击信息,对目击报告人员给予一定的奖励。

7.2.5 气候可行性论证制度

为避免或减轻规划建设项目实施后受气象灾害、气候变化的影响,依据国家《气候可行性论证管理办法》,建立气候可行性论证制度,开展规划与建设项目气候适宜性、风险性影响的评估,编制气候可行性论证报告,并将气候可行性论证报告纳入规划或建设项目可行性研究报告的审查内容。

7.3 气象灾害应急预案

7.3.1 组织方式

朗县政府是气象灾害应急管理工作行政领导机构,气象防灾减灾指挥部管理办公室设在朗县气象局,同时具体负责实施气象灾害应急工作和日常工作。

7.3.2 应急流程

预警启动级别 按气象灾害的强度,气象灾害预警启动级别分为特别重大气象灾害预警(Ⅰ级)、重大气象灾害预警(Ⅱ级)、较大气象灾害预警(Ⅲ级)、一般气象灾害预警(Ⅳ级)四个等级。气象局根据气象灾害监测、预报、预警信息及可能发生或已经发生的气象灾害情况,启动不同预警级别的应急响应,报送上级政府和相关机构,并通知气象防灾减灾指挥部成员单位和各乡镇。

应急响应机制　对于即将影响全县较大范围的气象灾害,气象防灾减灾指挥部应立即召开气象灾害应急协调会议,作出相应部署。各成员单位按照各自职责,立即启动相应等级的气象灾害应急防御、救援、保障等行动,确保气象灾害应急预案有效实施,并及时报告当地政府和防灾减灾指挥部,通报各成员单位。对于突发气象灾害,朗县气象局直接与受灾害影响区域的单位联系,启动相应乡镇、社区的应急预案。

信息报告和审查　如出现气象灾害,单位和个人应立即向朗县气象局或气象防灾减灾指挥部报告。对收集到的气象灾害信息进行分析核查,及时提出处置建议,迅速报告区气象防灾减灾指挥部。同时,要加强联防,并通报下游地区做好防御工作。

灾害先期处置　气象灾害发生后,事发地乡镇人民政府、有关部门和责任单位应及时、主动、有效地进行处置,控制事态,并将事件和有关先期处置情况按规定上报朗县气象局和气象防灾减灾指挥部办公室。

应急终止　气象灾害应急结束后,由朗县气象局提出应急结束建议,报朗县气象防灾减灾指挥部同意批准后实施。

7.4　气象灾害防御科普宣传教育与培训

7.4.1　气象灾害防御科普宣传教育

广泛开展中小学气象科普实践教育活动,让气象科普活动常进校园。积极推进气象科普示范园创建,动员基层力量广泛开展气象科普工作。县、乡(镇)、村要制定气象科普工作长远计划和年度实施方案,并按方案组织实施,把气象科普工作纳入经济社会发展总体规划。县、乡(镇)、部门要重视气象科普工作,县、乡(镇)、村要有科普工作分管领导,并有专人负责日常气象科普工作。科普示范村组建由气象信息员、气象科普宣传员、气象志愿者等组成的气象科普队伍,经常向群众宣传气象科普知识,每年结合农时季节,组织不少于两次面向村民的气象科普培训或科普宣传活动。

7.4.2　气象灾害防御培训

实施"百村万户"气象灾害防御培训工程,广泛开展气象灾害防御知识宣传,增强人民群众对气象灾害的防御能力。加强对农牧民、中小学生的防灾减灾知识和防灾技能的宣传教育,将气象灾害防御知识列入中小学教育体系。把气象信息员队伍的气象防灾减灾知识培训纳入行政学校培训体系,使培训常态化、规模化、系统化,为气象信息员队伍健康发展奠定坚实基础。定期组织气象灾害防御演练,提高公众对灾害的防御意识和正确使用气象信息及自救互救能力。

第 8 章　气象灾害调查评估、救灾与重建

8.1　灾害调查与评估

8.1.1　气象灾害的调查

建立以县为骨干,乡镇村庄、街道社区为基础的气象灾情调查收集网络,完善县、乡(镇)气象灾情直报制度,升级灾情直报系统,提高气象灾情信息收集时效。

气象灾害发生后,以民政部门为主体,以行政村为基本调查点,对气象灾害造成的损失进行全面调查,重点调查主要气象灾害种类、分布范围、危害对象、灾害损失、最大强度、发生频率、易发区和重发区位置、致灾主要因子、灾害防御薄弱环节等。对气象及相关灾害区进行分级分类,逐步在县、乡(镇)建立气象灾害数据库,编制农村气象灾害风险区划图。水利、农业农村、林业和草原、气象、自然资源、建设、交通运输、保险等部门按照各部门职责,共同参与调查,及时提供并交换水文灾害、重大农业灾害、重大森林火灾、地质灾害、环境灾害等信息。气象部门还应当重点调查分析灾害的成因。

8.1.2　气象灾害的评估

建立气象灾害风险评估的指标体系,确定各种风险度的分级标准;建立各类气象灾害危险性、承灾体易损性、灾害损失程度和风险指数、风险等级的评价模式;建立气象灾害风险评估基础数据库;制订减轻气象灾害风险的对策与措施。

灾前预评估　气象灾害出现之前,依据灾害风险区划和气象灾害预报,预评估气象灾害强度、影响区域、影响程度、影响行业,提出防御对策建议,为政府决策提供重要依据。

灾中评估　对影响时间较长的气象灾害,如干旱、雪灾、洪涝等进行灾中评估。跟踪气象灾害的发展,快速调查灾情实况,预估灾害损失和减灾效益。开展

气象灾害实地调查，及时与民政、水利、农业农村、林业和草原等部门交换、核对灾情信息，并按灾情直报规程报告上级气象主管机构和地方政府。

灾后评估 灾后对气象灾害成因、灾害影响以及监测预警、应急处置和减灾效益做出全面评估，编制气象灾害评估报告，为政府及时安排救灾物资、划拨救灾经费、科学规划和设计灾后重建工程等提供依据。在充分调查研究当前灾情并与历史灾情进行对比的基础上，不断修正完善气象灾害风险区划、应急预案和防御措施，更好地应用于防灾减灾工作。

8.2 救灾与恢复重建

8.2.1 救灾

建立健全应对突发气象灾害紧急救助体系和运行机制，规范紧急救助行为，提高紧急救助能力，迅速、有序、高效地实施紧急救助，最大程度地减少人民群众的生命和财产损失，维护灾区社会稳定。

建立气象灾害防御的社会响应系统，由相关部门组织实施灾民救助安置和管理工作，确保受灾群众的基本生活保障。实施综合性减灾工程，修订灾后重建工程建设设计标准，包括受灾体损毁标准和修复标准、灾害损失评估标准、重建工程质量标准与技术规范、重建工作管理规范化标准等。完善灾害保险机制，发展各种形式的气象灾害保险，扩大灾害保险领域，提高减灾社会经济效益。

8.2.2 恢复重建

灾后重建工作坚持"依靠群众，依靠集体，生产自救，互助互济，辅之以国家必要的救济和扶持"的方针，由传统的救灾安置型逐步转为可持续发展的战略发展型。灾害发生后，相关部门应立即对受灾情况、重建能力及可利用资源进行核查、评估，制定恢复重建方针、目标、政策、重建进度、资金支持、疾病预防和疫情监测、优惠政策和检查落实等工作方案，报上级政府批准后进行恢复重建。

第 9 章　气象灾害防御的保障措施

9.1　加强领导精心组织

县发改委、气象、自然资源、交通运输、水利、农业农村、林业和草原等有关部门要从全局和战略的高度，切实加强对气象灾害防御工作的领导和组织协调，建立和完善气象防灾减灾决策指挥体系，落实气象灾害应急处置责任制，做到责任到岗、到人，从制度上保证气象防灾减灾工作落到实处。各级政府要成立相应的防灾减灾机构，进一步健全防灾减灾工作协调机制，形成政府组织领导、部门协作配合、全社会共同参与防范应对气象灾害的格局。成立由各相关部门主要负责人参与的气象防灾减灾指挥部。统一决策实施气象防灾减灾中的重大事项，紧紧围绕防灾减灾这个主题，把气象灾害防御培训作为一个基础工作来抓，加强气象灾害防御组织领导，夯实思想基础和组织基础，充分认识气象灾害防御的重要性。

9.2　健全投入机制

稳定的经费投入是气象防灾减灾的重要保障。要紧密围绕人民群众需求和经济发展需要，切实加大对气象灾害防御的财政投入，要将气象灾害防御经费纳入县级财政和各乡（镇）部门国民经济和社会发展计划，确保气象灾害得到及时有效的防御，积极创造条件开展气象灾害防御工作，要重视气象灾害防御领域的科学研究。各级财政要建立和完善气象灾害防御的投入机制，按分级管理的原则纳入各级财政预算管理。继续完善对口支援、交流与合作等配套机制，加大对气象灾害监测预警、信息发布、应急指挥、灾害救助及防灾减灾工程等重大项目、技术研究等方面的投入。县发改委要将气象灾害防御工作纳入经济社会发展规划和计划。

9.3 出台各部门合作联动机制

成立合作联动组织,确保各部门、各单位之间能够进行积极有效的协商及协作。各部门应加强合作联动,建立长效合作机制,实现资源共享,特别是气象灾害监测、预警和灾情信息的实时共享,促进气象防灾减灾能力的不断提高,利用交流合作契机,丰富防灾减灾内涵。

认真落实责任制,各部门各司其职、各负其责,分解目标、明确任务、细化责任,建立减灾工作绩效评估制度、责任追究制度,确保行政领导责任制落到实处。形成政府统一领导、各部门协同配合、社会参与、功能齐全、科学高效、覆盖城乡的综合减灾体系。

9.4 加强气象行政管理

切实履行社会行政管理职能,依法管理涉及气象防灾减灾领域的各项活动,不断提高气象行政执法的能力。依据有关法律、行政法规,结合朗县实际,制定或修订防灾减灾工作的地方性法规和地方政府规章,将气象灾害防御纳入法制化、规范化轨道,建立完善气象灾害防御行政执法管理和监督机制,规范全社会的气象灾害防御活动。

创新管理方式,加大对气象基础设施保护和对气象探测、公共气象信息传播及地质灾害、森林火灾等防御活动监管的力度,确保气象法律法规全面落实。开展有关气象防灾减灾执法检查,对气象灾害防御工作中由于失职、渎职造成重大人员伤亡和财产损失的,要坚决依法追究有关人员的责任,做到有法可依、有法必依,不断提高气象灾害防御行政执法的能力和水平,促进防灾减灾工作深入开展。

9.5 提高防灾意识

要加大气象科普和防灾减灾知识宣传力度,深入普及气象防灾减灾知识。防御气象灾害是全社会的责任,要充分发挥社会力量,利用气象、教育、新闻等资源,建设气象科普教育基地,加强全社会尤其是对农牧民、中小学生的防灾减灾科学知识和技能的宣传教育,做好气象防灾避险知识进学校、进社区、进农牧区、进企业。将气象灾害防御知识教育纳入国民教育体系,提高全社会气象防灾减灾意识和公众自救互救能力,最大限度地避免或减轻气象灾害造成的影响。

附录A　朗县气象灾害纪实

A.1　洪涝

洪涝灾害是水灾和涝灾的总称。水灾是指江河泛滥、淹没农田造成的灾害；涝灾是指长期阴雨而产生大量的积水，淹没低洼的土地造成的灾害。由于水灾和涝灾往往同时发生，很难区分，所以统称为洪涝灾害。洪涝灾害具有很大的破坏性和普遍性。但是，洪涝仍具有可防御性。朗县常年受印度洋暖湿气流的影响，水汽充沛，每年5月开始进入雨季，持续到10月雨季才结束。雨季期间降水集中，降水量占全年的80%以上，洪涝灾害发生频繁。

2018年7月24日仲达镇拉丁雪河道涨水，河水冲刷经济林木基础，损失1万元。

2018年8月12日至29日朗县县城廉租房后雅江段，雅江高水位长期浸泡，29日水位暴涨，防洪堤出现局部沉降，堤顶防护栏倾斜变形，该段堤防马道以上堤身护面25米墙被毁，29日水位暴涨，该段堤防马道以上堤身护面86米墙被毁防洪堤受损111米。损失44000元。

2018年8月28日朗县朗镇子龙桥，近期雅江中上游降雨骤增，雅江水位持续上涨，江水在子龙桥北侧形成漩涡，持续冲刷桥，左岸引道路基、桥台锥坡掏空、搭板塌陷，桥梁中断长6米，宽4.5米。估算修复资金180万元。

2018年8月29日朗县光明新区，由于近期雅江中上游降雨骤增，雅江水位暴涨，朗县县城二期防洪堤工程25米损毁，11米受损；朗县城区雅江段防洪堤延伸工程，加高部分长1723米的贴坡式网格现浇混凝土回填物严重掏刷，15米倒塌。浆砌石勾缝严重脱落、部分段沉降，见有裂缝。估算修复资金170万元。

2018年8月29日朗县县城老区雅江段防洪堤，雅江高水位长期浸泡，29日水位暴涨，防洪堤出现局部沉降，堤顶防护栏倾斜变形，浆砌石勾缝严重脱落、见有裂缝明显。估算修复资金130万元。

2018年8月29日朗镇贡字荣大桥，由于近期雅江中上游降雨骤增，雅江水位持续上涨，持续冲刷桥台左岸引道路基、桥台锥坡。左岸引道路基、桥台锥坡掏空、搭板塌陷，桥梁中断，长8米，宽4.5米。估算修复资金100万元。

2018年8月29日江北工路申木村两处路段，雅江涨水掏刷路基，挡墙垮塌。K188+200/K183+300一处长度约10米，另一处约18米，垮塌段路基悬空。修复资金45000元。

2018年8月29日近期雅江中上游降雨骤增,雅江水位持续上涨。32亩农田受灾,其中玉米15.7亩地,箭舌豌豆13.5亩、油菜1亩、受灾9户38人。造成经济损失48550元。

2018年8月29日近期雅江中上游降雨骤增,雅江水位持续上涨,朗县新区五栋房屋受损,其中3栋周转房,一所幼儿园,一座物资储备库,占地面积约4345平方米。因目前水位未完全退到安全位置,是否会出现后续隐患,无法直接估量造成经济损失,待汛期后进行专业签订后方可进行损失评估。

2018年8月29日朗镇、金东乡、仲达镇近期雅江中上游降雨骤增,雅江水位持续上涨,金东乡、朗镇、仲达镇共计172.8公顷,主要是防护林,防沙治沙,雅江巨柏20株,无法直接估量造成经济损失。

2019年7月14日朗县县城防洪堤工程(朗泉宾馆后),受近日因持续强降雨影响,拉多河猛涨,导致县城2002年修建的防洪堤工程存在堤顶局部塌陷、堤身出现裂缝现象。裂缝长约50厘米、宽10厘米。

2019年7月14日拉多乡白露村、杰堆村、藏村,因连阴雨降水天气,多条河流出现上涨、水流湍急现象,致使白露村、杰堆村河边路段路基冲毁,路边护栏冲垮,藏村路段桥基被水冲蚀,桥下护坡冲毁。

A.2　干旱

2014年全县粮食产量为5923.33吨,其中青稞产量为3011.5吨,小麦产量为2911.83吨,油菜产量为290吨;蔬菜产量为2990吨。为保障全年粮食安全,县农牧民积极与地区农牧局沟通,分别赴拉萨、山南两地调运粮食种子27.05吨(其中春播调运种子13.8吨,冬播调运种子13.25吨),因上半年天气异常,降水少,导致朗县6个乡镇39个村1495户群众农作物发生不同程度的旱灾。全县受旱灾影响受灾农作物面积达7448亩,地区人民保险公司农业保险理赔赔付131.15万元。

2019年5月至6月朗县气温偏高、雨水量少,导致仲达镇古村农作物面积53亩(青稞25亩、油菜25亩、土豆3亩)不同程度受灾害,无法收成。因林古村处于山丘地带无水利设施,只能靠天,为保持林古村粮食生产丰收态势,农牧局派技术人员,及时掌握情况,做好受灾统计工作,强化技术指导,近期组织村民复播农作物。

A.3　冰雹

朗县雹灾主要集中在6—8月。

1999年8月28日17时,登木乡左嘎、崩达、果龙三个村突降冰雹,造成不同程度的损失,其中果龙村受灾面积达130余亩,并有部分庄稼绝收。

2000年6月26—28日,朗县登木乡遭受冰雹,遭到泥石流的袭击,264亩作物受灾,其中绝收174亩(油菜90亩、豌豆40亩、青稞44亩),90亩只收产20%;冲毁桥梁8座;损坏路面2.5千米。直接经济损失达28.5万元。

A.4 雪灾

朗县雪灾主要发生在11月至次年4月。

1983年2月18日—3月24日,朗县贡字荣持续降雪,雪深达25～50厘米,饿、冻死牦牛56头,造成直接损失经济5600元左右。在雪灾中,共收到各区支援的饲料粮8840多斤,盐巴1096斤,油渣1120斤,活麻草888斤,青草5916斤。

2002年3月18日,朗县遭遇特大雪灾,登木乡200多户牧民和1万余头牲畜被困在拉贡塘牧场。之后,灾情进一步扩大到全县范围的16个行政村、592户、2696人,部分高山、高寒地带的牧场,积雪厚度竟达到120厘米,共死亡牦牛433头,被困牲畜14483头。灾情发生后,县委、县政府及时组织、动员各单位干部职工和农牧民群众抗灾自救,安全转移牲畜5986头,使群众损失降到了最低限度。并通过山南、拉萨及境内的洞嘎镇、朗镇、仲达镇三个镇产粮区协调紧急调运抗灾物资,调运冬小麦12万斤*、砖茶1.6万斤、食盐4000斤、糌粑8万斤,群众自筹牲畜饲料55万斤。同时,县委、县政府为灾区牧民送去防寒大衣、棉被、防晒眼镜、擦脸油等生活用品。

A.5 雷击火灾

2000年5月10日凌晨,朗县洞嘎镇江木那山,由于雷击引发一起森林火灾。朗县县委、县政府得知灾情后,高度重视,在制定应急措施的同时,组织出动县机关干部职工、当地群众、驻军官兵近1000人,火灾于13日下午被扑灭,过火面积1080亩,森林受灾面积45亩。

A.6 地质灾害

(1)泥石流

2016年6月9日登木乡森木村后山发生泥石流(原地质灾害隐患点)。泥石流冲进3座民宅,导致房屋渗水裂缝增宽。房屋受轻微损坏,未造成人员伤亡及其他财产损失。

2016年6月30日金东乡秀村前往牧场道路约3千米处发生泥石流(2016年新增地质灾害隐患点),冲沟最宽处约22米,冲沟深度约1.5米。未造成人员伤亡。

---

* 1斤=500克。

2016年7月4日登木乡崩达村桑琼组发生泥石流,河边耕地被冲毁(原地质灾害隐患点),因河水上涨导致崩达村桑琼组一户村0.7亩耕地被冲毁,无法复耕,耕地上作物损失,未造成人员伤亡。

2016年7月23日18时左右,朗镇托麦村(朗加油路旁)发生泥石流(原地质灾害隐患点),其成分主要以水和细石为主,冲沟4处,威胁朗加油路,民房3户、耕地、经济林地、灌溉水渠、少量菜地、经济林地受影响,村道被冲断3处,省道306通行受影响。

2016年9月26日拉多乡白露村后山(原地质灾害隐患点),白露村贡觉山发生小型泥石细流,有一条明显冲沟,10户村民房屋建筑后部受到影响,有少量泥沙和细石堆积;其中泥石流冲沟处有2户村民房屋受到威胁,若多次发生泥石流,房屋后墙易塌,房屋主体未受到破坏,未出现人员伤亡。

2017年6月27日20时巴尔曲德寺至仲达镇省道2千米处发生小型泥石流,未影响车辆正常通行。

2017年6月27日20时托麦村仲温组至仲达桥约1千米处发生泥石流,泥石流水进农田,庄稼未损毁。

2017年7月9日17时拉丁雪村至林古村村道发生泥石流,中断村道约5米。

2017年7月9日林古村发生泥石流,从村庄上游至村口下游约200米水泥道路和土路受损。网围栏及灌溉水渠受损约3米,耕地及油菜受损约80平方米。

2018年7月8日20时登木乡崩嘎村夏令组泥石流河道堵塞150米,损失10万元。

2019年7月15日朗镇托麦村因持续降雨,托麦村"三岩搬迁"点后方3条泥石流冲沟发生泥石流,致使下方房屋周围、农田、306省道泥石流堆积。无人员伤亡及重大财产损失。

2019年7月21日登木乡森木村久巴组受泥石流影响,主要受灾对象为群众农田及地上粮食作物。

(2)山体滑坡

2016年4月5日朗镇其次村后测约240米山体裂缝(原地质灾害隐患点),大裂缝长约13米,最宽处1.5厘米;相邻小裂缝长2米,最宽处0.5厘米。未造成人员伤亡及财产损失。

2016年7月3日金东乡秀村吞仓组后山草坪山体裂缝(原地质灾害隐患点),主要裂缝有3条,小型裂缝有4条,均为横向开裂,第一条主要裂缝距离村庄约150米,裂缝最宽处36厘米,最长的裂缝约22米,裂缝底侧边沿土质下沉35厘米,裂缝最深处80厘米,裂缝处有渗水有增宽趋势,并持续有渗水,未造成人员伤亡及财产损失。

2016年7月31日10时金东乡吞仓村山体滑坡(原地质灾害隐患点),吞仓村后山草坪裂缝下方约20米处,表层土下滑,形状呈宽4~5米、长7~8米的平行四边形,最深处约1米,下滑痕迹宽约9米,长约80米。未造成人员伤亡及财产损失。

(3)路基水毁

2016年7月1日凌晨金东乡巴龙村至东雄村水泥村道(巴龙公路K4+210至K4+242)路基水毁(非地质灾害隐患点),巴龙公路长约32米、宽约3米的路基被水掏空,水毁路段水泥混凝土路面悬空,金东乡巴龙公路K4+210至K4+242段,32米长水泥混凝土道路损毁,未造成人员伤亡。

2016年7月4日金东乡通往来义村道路龙须沟段路基塌陷(非地质灾害隐患点),长5米、宽2米路基塌陷,长5米村道受损,未造成人员伤亡。

2016年7月4日晚金东乡巴龙村巴龙公路路基塌陷、崩塌落石(原地质灾害隐患点),距离巴龙村2千米处和3千米处路基发生塌陷、长度分别为4米、5米,同时公路上掉有较大的滚石,长9米水泥混凝土村道受损,未造成人员伤亡。

2016年7月4日晚金东乡巴龙河护堤渗水(非地质灾害隐患点),巴龙河水位上涨,河边护堤渗水,巴龙河护堤受损失,未造成人员伤亡。

(4)桥梁冲毁

2016年7月26日18时左右登木乡多龙村桥梁冲毁(原地质灾害隐患点),河水上涨彻底冲毁1座人、车通行钢架桥,冲毁1座人、车通行水泥桥。2座人、车通行钢架桥被彻底冲毁,道路中断,未造成人员伤亡。

2016年7月26日18时左右登木乡洛龙村桥梁冲毁(非地质灾害隐患点),冲毁1座桥,未造成人员伤亡。

(5)崩塌

2016年7月6日凌晨仲达镇至登木乡公路伟列村段路边崩塌(原地质灾害隐患点),初步估计塌方量约30米^3,受损公路长约20米。仲登公路受损约20米长,未造成人员伤亡。

2016年7月23日凌晨03时左右登木乡森木村森木寺和久日追寺崩塌(2016年新增地质灾害隐患点),小型崩塌、森木寺院坝内崩塌土方量约760米^3,威胁森木寺庙,久日追寺后方1处道路受崩塌影响被堵,1处村道受影响,森木寺院坝受损,未造成人员伤亡。

2017年7月9日17时仲达镇至登木乡道路(拉丁雪村段)崩塌,中断乡道约20米。

2019年7月14日金东乡来义村,因持续降雨,来义村河流水位上涨,掏空地面支撑基础,加之地面雨水囤积,土质结构松软,致使来义村临近河流上方土地产生塌方危险。来义村临近河流上方土地产生裂缝。裂缝长约300米、宽0.05~1米,无人员伤亡及重大财产损失。

2019年8月6日仲达镇伟列村藏木组崩塌,一处房屋受损,面积约2米^2。

(6)耕地冲毁

2016年7月26日18时左右登木乡崩嘎村耕地冲毁(非地质灾害隐患点),河水上涨造成河边4.5亩耕地被冲毁,作物损失。

A.7 火灾

1995年8月,朗县县城遭遇大风袭击,三栋平房屋顶全部掀翻并吹至几十余米处,造成直接经济损失10余万元,风灾无人员伤亡。

1999年5月14日20时50分,朗县仲达乡完全小学发生一起火灾,火灾共烧毁大小房屋1间,造成直接经济损失8.5万元。经调查,是由于外来民工烧火煮饭时用火不慎引起火灾。

2000年5月12日11时30分,朗县拉多乡杰村奥母山,因一人在山上放牧烧茶不慎引起火灾,经过10个小时的奋战,火势被扑灭。火灾过火面积约14亩,共出动干部群众近200人,用10匹马驮运水上山扑火。

2005年4月13日15时,朗县洞嘎镇贡字荣沟境内发生森林火灾。经过全县人民的努力扑救,到15日20时左右火势基本得到控制。此次火灾过火面积约200亩,受灾面积约8亩。

2005年9月21日08时57分,距县城9.7千米的堆新村居民住宅发生火灾,火灾是因小孩玩火引起,造成直接经济损失175271.30元,烧毁住房建筑面积0.747亩。

2005年10月23日16时22分,朗县完全小学学生宿舍发生火灾,火灾造成直接经济损失5462元,烧毁校舍建筑面积0.0757亩。

A.8　病虫害

1977年,朗县金东乡东雄村遭受虫灾面积163.2亩,平均每平方米有地老虎100～150条。

1991年春,朗县各乡病虫害严重,全县农作物受灾面积达1178亩,粮食减产52万余斤。

1993年,朗县洞嘎镇聂、岗多两村130余亩小麦地发生黑穗病,粮食减产8万余斤。

2017年高温,朗县沿江一带发生不同程度的病虫害,发生面积达到220亩,蔬菜(辣椒)病虫害10亩。

2018年5月21日,洞嘎镇巴基塘发生蝗虫,面积约25亩(巴基塘荒地),大部分是虫龄1龄。

附录 B　气象常用知识

B.1　常用气象科学名词

B.1.1　基本气象要素名词

大气中的物理现象和物理过程是用许多物理量来表征的,综合各种物理量的特征,便能描述出大气的各种状况。因此,我们把这些物理量称为气象要素。气象要素主要有气温、气压、风、云、湿度、降水、天气现象等。其中有的气象要素表示空气性质,如气压、气温和湿度;有的表示空气运动状况,如风向、风速;有的描述大气中的一些现象,如雨、雪、露、霜、雷电等。

(1)气温

气温是用来表示大气冷热程度的物理量。通常我们所说的气温是指距离地面1.5米高处的空气温度,它通过设置在百叶箱内的温度表进行测量。我国用摄氏度(℃)作为温度的单位。

(2)气压

单位面积上大气柱的重量称为大气压强,简称气压。其数值等于从单位底面积向上,一直延伸到大气外界的垂直气柱的重量。一般,把在纬度45度的海平面上,温度为0℃时,760毫米水银柱高(mmHg)即1013.2百帕的大气压强称为一个标准大气压。气压通过气压计或气压表测量,气象上气压采用百帕为单位。

(3)湿度

湿度表示空气中的水汽含量和潮湿程度的物理量。地面湿度,是指离地面1.5米高度上百叶箱中测的空气湿度。常用水汽压、相对湿度、露点温度来表示湿度的大小。

(4)风

我们把空气在水平方向上的运动叫风。风用风向和风速表示。风向是指风的来向,如风从北方来称北风,气象上用16个方向表示,也有用度数表示,见表 B.1。

表 B.1　风向中文、英文、度数对照表

中文	英文	度数	中文	英文	度数
北	N	0 或 360	东	E	90.0
北东北	NNE	22.5	东东南	ESE	112.5
南	S	180.0	西	W	270.0
南西南	SSW	202.5	西西北	WNW	292.5
东北	NE	45.0	东南	SE	135.0
西南	SW	225.0	西北	NW	315.0
东东北	ENE	67.5	南东南	SSE	157.5
西西南	WSW	247.5	北西北	NNW	337.5

风速是指单位时间内空气在水平方向上流动的距离,常用的单位为米/秒,有时用千米/小时;习惯上有将风速分为若干等级的做法,风力等级采用蒲福风力等级。

在自然界中,空气的流动是不均匀和不稳定的,风速忽大忽小,产生瞬时极大的风速称为阵风,阵风具有突发性和破坏性,对海上作业、船只航行和高层建筑都影响极大。

(5)云

云是由悬浮在空中的大量微小水滴或冰晶组成,有时由冰晶与水滴混合组成云块或云团。云的生消在一定程度上反映了大气中的水汽含量,它与降水紧密关联。

云量是指云遮盖天空的成数,即云遮盖天空的十分之几,如云布满天空(占天空十分之十)时,云量为10;全天无云,云量为0。云量是用视觉估计而得,在日常的天气预报中,用云量来表示天空状况。

云状是指云的外貌。

云高是指云底到地面的垂直距离。

云向、云速是指云的移动方向和速度,表示方法与风向风速的表示方法相同。

(6)能见度

大气能见度是反映大气透明度的一个指标。一般定义为具有正常视力的人在当时的天气条件下还能够看清楚目标轮廓的最大地面水平距离。能见度是一个对航空、航海、陆上交通以及军事活动等都有重要影响的气象要素。在航空中,一般使用前者定义的能见度。

(7)降水

降水是云中的水分以液态或固态的形式降落到地面的现象。它包括雨、雪、雨夹雪、米雪、霜、冰雹、冰粒和冰针等降水形式。形成降水的条件有3个:一是要有充足的水汽;二是要使气块能够抬升并冷却凝结;三是要有较多的凝结核。降雨的强度可划分为小雨、中雨、大雨、暴雨、大暴雨和特大暴雨等。同样,降雪的强度也可按每12小时或24小时的降水量划分为小雪(包括阵雪)、中雪、大雪和暴雪几个等级。

(8) 日照

日照是指太阳在一地实际照射的时数。在一给定时间，日照时数定义为太阳直接辐照度达到或超过 120 瓦/米² 的那段时间总和，以小时（h）为单位，取一位小数。日照时数也称实照时数。

可照时数（天文可照时数），是指在无任何遮蔽条件下，太阳中心从某地东方地平线到进入西方地平线，其光线照射到地面所经历的时间。可照时数由公式计算，也可从天文年历或气象常用表查出。

日照百分率＝（日照时数/可照时数）×100％，取整数。

观测日照的仪器有暗筒式日照计、聚焦式日照计、太阳直射辐射表等。

B.1.2 天气、气象学名词

(1) 气象、天气和气候

地球上覆盖着很厚的空气层，称为大气。在大气中我们看到阴、晴、冷、暖、干、湿、雨、雪、雾、风、雷等各种物理、化学状态和现象，气象就是它们的通称。

天气和气候是互相联系的。天气是指一个地区较短时间的大气状况。我们从广播和电视中收听收看到的 24 小时、48 小时天气预报说的是天气；而气候则是一个地区多年的平均天气状况及其变化特征。世界气象组织规定，30 年记录为得出气候特征的最短年限。我国古代以五日为候，三候为气，一年有二十四节气七十二候，各有气象、物候特征，合称为气候。

(2) 天气学

天气学是研究大气中的天气现象和天气过程的物理本质及其演变规律以及运用这些规律制作天气预报的科学，是大气科学中的一个重要分支。现代天气学以数学、物理学、流体力学为基础，以天气图为主要研究工具，通过对气象观测资料、气象卫星和雷达资料的分析，广泛采用计算机作计算工具，对各种尺度天气系统的物理结构及其发生、发展、移动、演变过程的物理机制的分析研究，从而建立各种天气学概念模式或理论模式，据此进行天气预报。

(3) 大气科学

在地球表层有大气圈、水圈、岩石圈、冰雪圈、生物圈五大部分，组成了一个综合的系统。研究发生在大气圈中各种现象的演变规律，并利用这些规律服务于人类的科学称为大气科学。由于大气圈中发生的各种现象不仅种类繁多，而且在时间和空间尺度上不受限制，还因地表的水圈、岩石圈、冰雪圈、生物圈的影响，其复杂性和不确定性是自然界最为突出的，因此，大气科学的研究必然具有观测点高度分散（全球范围），观测方法高度协调统一（以利比较），观测资料高度集中（迅速交换集中），国际间高度合作（任何一个地区、一个国家都无法孤军作战，反过来世界气象工作也少不了任何一个地区或一个国家的真诚合作）的特点。

大气科学在它的发展进程中已逐渐形成了若干分支，比较成熟的有大气探测学、大气物理学、天气动力学、气候学、农业气象学等。

包围在地球外部的一层气体总称为大气或大气圈。大气圈以地球的水陆表面为其下界,称为大气层的下垫面。地球大气在重力场的作用下,保持在地球的外表面上,其密度随高度升高呈指数递减,越向上越稀薄。大气上界约在1000~2000千米高度。大气的总质量为5.14×10^8千克,约为地球质量的百万分之一。大气质量的一半位于500百帕以下,平均约为5.5千米,大气质量的99%位于30千米以下,所以大气圈只是地球的一层薄壳,而天气变化仅发生在大气底层十几千米范围内。

大气分层:按大气温度的垂直结构,可把大气圈分为对流层、平流层、中间层、热层和外层。

(4)天气图

天气图是指填有各地同一时间气象要素的特制地图。在天气图底图上,填有各城市、测站的位置以及主要的河流、湖泊、山脉等地理标志。气象科技人员根据天气学分析原理和方法进行分析,从而揭示主要的天气系统,天气现象的分布特征和相互的关系,是目前气象部门分析和预报天气的一种重要工具。天气图分为地面天气图及高空天气图,主要层次有850百帕、700百帕、500百帕、300百帕、200百帕等天气图,同一时刻上、下层次配合,可了解天气系统的三度空间结构。根据需要可选用不同范围的天气图,在我国通常用欧亚范围的天气图,有时也用北半球范围的天气图,或低纬度(30°N—30°S)图或某一省、地区范围的小图用作辅助分析。

(5)大气环流

大气环流是指大范围大气运动状态。就水平尺度而言,有某一大地区如欧亚地区,某半球或全球范围的大气运动状态。就时间尺度而言,有某时刻的,也可以有一天或几天,一月或一季,半年或全年的平均大气运动状态。从垂直尺度而言,可以有对流层、平流层或整个大气圈的大气运动状态。了解大气环流的特征及其变换规律,对于提高和改进天气预报准确率和研究气候变化有重要意义。

从全球平均的纬向环流看,在对流层里,最基本的特征是:大气大体上沿纬圈方向绕地球运行,在低纬地区常盛行东风,称为东风带,又称为信风带,北半球为东北信风,南半球为东南信风。中纬度地区则盛行西风,称为西风带,其所跨的纬度比东风带宽。西风强度随纬度增加。最大风出现在纬度30°—40°上空的200百帕附近,称为行星西风急流。在极地附近,低层存在较浅薄的弱东风,称为极地东风带。

从全球经向环流看,在南北方向及垂直方向上的平均运动构成三个经圈环流:①低纬度的正环流,即哈得来环流。在近赤道地区空气受热上升,在高层向北运行逐渐转为偏西风,在30°N左右有一股气流下沉,在低层又分为两支,一支向南回到近赤道,另一支北移。②中纬度形成一个逆环流或称间接环流,即费雷尔环流。③极区正环流,即极地下沉而在60°N附近为上升,从而形成一个正环流,但较弱,在中纬地区与低纬区之间,则常有极锋活动。

大气环流的主要成因有以下几方面。一是太阳辐射,这是地球上大气运动能量的来源,由于地球的自转和公转,地球表面接受太阳辐射能量是不均匀的。热带地区多,而极地地区少,从而形成大气的热力环流。二是地球自转,在地球表面运动的大气都会受地转偏向力作用而发生偏转。三是地球表面海陆分布不均匀。四是大气内部南北之间热量、动量的相互交换。

以上种种因素构成了地球大气环流的平均状态和复杂多变的形态。

(6)大气动力学

大气动力学是将包围地球的大气作为运动着的流体,应用流体力学的原理和方法来研究大气的运动。它从分析地球大气受力状况入手,研究这些力与大气运动的关系,从而探索大气运动的基本规律和机制。根据牛顿第二运动定律,分析大气中受力情况,可知空气质点主要受气压梯度力(G)、地转偏向力(A)、重力(g)和摩擦力(F)的作用。气压梯度力 G 是由于大气压力不均匀而作用在空气质点上的压力,其方向由高压指向低压,垂直于等压面,也可以分解成水平气压梯度力和垂直气压梯度力;地转偏向力 A 是由于地球自转而产生的柯里奥利力,在北半球,它使空气质点运动方向发生右偏,在南半球则产生左偏;重力指向地球中心。

在地球大气中,大气运动系统的水平尺度是不同的,既有大尺度系统也有中尺度和小尺度系统,分析各种尺度大气运动系统中空气受力的情况。抓住主要因子,就能得到大气运动的主要特征,例如大尺度水平运动中,一般遵循地转风原理等。

(7)天气

天气是指某一地区、在某一时段内由各种气象要素综合体现的大气状态。大气中发生的阴、晴、风、雨、雷、电、雾、霜、雪等都是天气现象,它们的产生都与天气系统的活动有密切关系,天气与人类的生活、社会、经济活动有十分密切的关系。

(8)天气系统

天气系统是指具有一定的温度、气压或风等气象要素空间结构特征的大气运动系统。有的以空间气压分布为特征组成高压、低压、高压脊、低压槽等;有的则以风的分布特征来分,如气旋、反气旋、切变线等;有的又以温度分布特征来确定,如锋;还有的则以某些天气特征来分,如雷暴、热带云团等。通常构成天气系统的气压、风、温度及其他气象要素之间都有一定的配置关系。大气中各种天气系统的空间范围是不同的,水平尺度可从几千米到 2000 千米。其生命史也不同,从几小时到几天。

(9)气团

气团是指在水平方向上大气的物理属性(主要指温度、湿度和稳定度)都比较均匀的空气团。其水平尺度达到几百千米至几千千米,垂直尺度约几千米到十几千米。气团的形成必须具有范围大、性质均匀的下垫面,还须有合适的环流条件。气团的分类:若按形成的地理位置分,则有极地气团(又可分为极地大陆气团和极地海洋气团)、热带气团(又可分为热带海洋气团和热带大陆气团),此外,还有中纬度气团,它们主要来自极地或热带的变性气团。若按热力分类,则可分为冷气团和暖气团。

活动于我国的主要气团,随季节而有变化。冬季以极地大陆气团为主,我国南方部分地区则会受热带海洋气团影响。夏季主要受热带海洋和热带大陆气团影响,在我国北方则仍会受极地大陆气团影响。春、秋季则主要有变性极地大陆气团和热带海洋气团。

(10)锋面

锋面是指分隔冷、暖两种不同性质气团之间的狭窄的过渡带。这个过渡带自地面向高空冷气团一侧倾斜。过渡带在近地面的宽度只有几十千米,到高层可达到 200～400 千米。锋的长度一般可有几百千米到几千千米,垂直方向可伸展十多千米。在这一过渡带里温度变化特别大。

按照热力学分类方法,若冷气团主动推动暖气团,则称为冷锋,反之称为暖锋。若冷暖气团相当,则称为准静止锋。若冷锋追上暖锋,则会形成锢囚锋。由于锋是冷暖气团交界地区,空气活动十分活跃,可以形成一系列的云、雨、大风、降水等天气。在我国一年四季都有锋的活动,其中冷锋活动最为经常,且能在全国广大地区出现。在春夏之交,往往会有准静止锋活动。锋的活动常经历着生成、加强、消亡的过程,一般生命史为 3～5 天。

(11) 温带气旋

温带气旋是指生成和活动于中高纬度温带地区的低气压系统。从气压场看,是中心气压低于四周,并有闭合等压线的低压系统。从风场看,在北半球低压区内,风绕低压中心作逆时针旋转。气象上将这种风呈逆时针旋转的系统称为气旋。温带气旋往往由冷、暖气团组成并伴随有冷、暖锋活动。这种温带气旋也称为锋面气旋。

温带气旋的平均直径约 1000 千米左右,有的可达 2000～3000 千米,并大体呈圆形。其生命史可有初生波动阶段、发展成熟阶段、锢囚消亡阶段。在我国活动的温带气旋主要有:北方气旋,包括蒙古气旋、东北低压、黄河气旋;南方气旋,包括江淮气旋、东海气旋等。温带气旋的活动往往带来风雨天气,如东北低压,蒙古气旋,往往在当地造成大风雪天气,而南方气旋在初夏,可造成暴雨、大风等激烈的天气现象。

(12) 温带反气旋

温带反气旋是指生成和活动于中高纬度温带地区的高气压系统。从气压场看是中心气压高于四周,并有闭合等压线的高压系统。从风场看,在北半球高压区内,风绕高压中心作顺时针旋转。因此称为反气旋。温带反气旋一般生成在高纬地区并由冷气团组成,在合适的大气环流引导下,向南或东南移动,影响中、低纬度地区,形成一次冷空气活动,有时可达到寒潮强度,所以,也称冷性反气旋。

温带反气旋的水平范围一般达几千千米,有时可占据我国大部分地区。其生命史大体分为:初生阶段、发展阶段和消亡阶段。温带反气旋从高纬度向东南移动时,其前部由于与暖气团相交,常常形成冷锋,所以常有云系或风、雨天气。但当冷锋过境,受温带反气旋控制时,特别在反气旋中心附近,则主要是晴好天气。冬季常会形成霜冻。

(13) 副热带高压

副热带高压(简称"副高")是指存在于副热带地区(南、北纬 20°—40°)的深厚的暖性高压系统,它是全球大气环流的一个重要成员。副热带高压的水平范围可达数千千米。研究人员主要关注对流层中下层约 500 百帕的副高。副热带高压按其中心位置可分为陆地上和海洋上的高压,两种类型的高压结构也不十分相同。在对流层中低层,副热带高压主要出现在海洋上,分别按其所在的地理位置命名。例如:北太平洋高压、北大西洋高压、南太平洋高压、南大西洋高压、南印度洋高压等。出现在西北太平洋的副热带高压被称之为西太平洋副热带高压,或简称西太副高。其西部脊在夏季可伸入中国大陆,冬季在南海上空形成独立的南海高压。在对流层中层,夏半年在北非大陆上存在的强大反气旋环流被称为北非高压;在北美上空存在着北美副高。夏季在对流层上层的副高主要出现在陆地上。7月份北半球强大的高压出现在亚洲南部和北美南部,即南亚高压(或青藏高压)和墨西哥高压;1月份南半球副热带高压出现在非洲南部、澳大利亚和南美上空。中国的气象工作者经常关注的副热带高压主要是指夏季对流层中下层(500百帕及以下)出现在西北太平洋上的副热带高压系统和南亚高压。

在从春到夏的季节转换中,副热带高压一般存在两次明显的北跳,分别在6月中旬和7月中旬。副热带高压的季节变化不仅表现为南北推进,还表现出明显的东西振荡,以及断裂、合并等特征。南半球的副热带高压也存在与北半球类似的季节变化。

北半球500百帕副热带高压的季节变化:1—3月属于冬季环流形势,副高中心位置基本不变,但反气旋环流范围和中心强度开始增加。4月则开始发生季节转换,西太平洋副高脊线由冬季的接近东西走向转为东东北—西西南走向,随后高压单体将从其最西位置向东移。5月,西太平洋副高开始明显东撤北移,6月,西太平洋副高的第一次北跳使高压脊线位于25°N左右,与阿拉伯半岛高压之间的槽区加深。副热带高压的第二次北跳出现在7月,脊线移至30°N附近并维持到8月,副热带高压控制的地区出现盛夏的酷热天气。9月起,副热带高压开始南撤,到12月,形势已与1月相似,又回到冬季环流形势。

副高位置和强度的变化是控制中国东部地区天气和气候的重要因素之一。西太平洋副热带高压的不同区域因结构不同,天气也不相同。在其脊线附近近地层为下沉气流,多晴朗少云的天气,又因气压梯度较小,风力微弱,天气炎热;脊线北侧与西风带副热带锋区相邻的区域,多气旋和锋面活动,上升运动强,多阴雨天气;南侧为东风气流,当有东风波、台风等热带天气系统活动时,则常有对流性天气发生。副热带高压在某一位置停留时间过长,其控制区干旱少雨,而北侧雨水偏多,造成洪涝,南侧则会经常遭受台风暴雨的袭击,带来严重经济损失。

B.1.3 气候学名词

(1)气候

气候是大气的长期状态,即大气长时间内气象要素和天气现象的平均或统计状态。但它不是几个要素的简单平均状态,而是热量、水分及空气运动的大气综合状态的统计特征,既包括平均状况,也包括各种可能状况的概率分布及其极端状况。

(2)季风

季风是由海陆分布、大气环流、大地形等因素造成的,以一年为周期的大范围对流现象。亚洲地区是世界上最著名的季风区,其季风特征主要表现为存在两支主要的季风环流,即冬季盛行东北季风和夏季盛行西南季风,并且它们的转换具有暴发性的突变过程,中间的过渡期很短。一般来说,11月至翌年3月为冬季风时期,6—9月为夏季风时期,4—5月和10月为夏、冬季风转换的过渡时期。但个同地区的季节差异有所不同,因而季风的划分也不完全一致。

(3)低纬度气候

低纬度的气候主要受赤道气团和热带气团所控制。影响气候的主要环流系统有赤道辐合带、沃克环流、信风、赤道西风、热带气旋和副热带高压。全年地气系统的辐射差额是入超的,因此气温全年皆高,最冷月平均气温在15~18℃以上,全年水分可能蒸发量在1300毫米以上。低纬度气候带可分为5个气候型,其中热带干旱半干旱气候型又可划分为3个亚型。

(4)赤道多雨气候

分布于赤道及其南北纬5°—10°以内,宽窄不一,主要分布在非洲扎伊尔河流域、南美亚马孙河流域和亚洲与大洋洲间的苏门答腊岛到伊里安岛一带。这里全年正午太阳高度角都很大,因此长夏无冬,各月平均气温在25~28℃,年平均气温在26℃左右。气温年较差一般小于3℃,日较差可达6~12℃。由于全年皆在赤道气团控制下,风力微弱,以辐合上升气流为主,多雷阵雨,因此全年多雨,无干季,年降水量在2000毫米以上,最少月在60毫米以上。但降水量的年际变化很大,这与赤道辐合带位置的变动有关。

(5)热带海洋性气候

分布在南北纬10°—25°信风带大陆东岸及热带海洋中的若干岛屿上。这里正当迎风海岸,全年盛行热带海洋气团,气候具有海洋性,最热月平均气温在28℃左右,最冷月平均气温在18~25℃,气温年较差、日较差皆小。由于东风(信风)带来湿热的海洋气团,所以除对流雨、热带气旋雨外,还多地形雨,降水量充沛。年降水量在1000毫米以上,一般以5—10月较集中,无明显变化。

(6)热带干湿季气候

大致分布在南北纬5°—25°之间。这里当正午太阳高度角较小时,位于信风带下,受热带大陆气团控制,盛行下沉气流,为干季。当正午太阳高度角较大时,赤道辐合带移来,有潮湿的辐合上升气流,为雨季。一年中至少有1~2个月为干季。湿季中蒸发量小于降水量。全年降水量在750~1600毫米左右,降水变率很大。全年高温,最冷月平均气温在16~18℃以上,干季之末,雨季之前,气温最高,是为热季。

(7)热带季风气候

分布在纬度10°N到回归线附近的亚洲大陆东南部。这里热带季风发达,一年中风向的季节变化明显。在热带大陆气团控制时,降水稀少。而当赤道气团控制时,降水丰沛,又有大量的热带气旋雨,年降水量多,一般在1500~2000毫米,集中在6—10月(北半球)。全年高温,年平均气温在20℃以上,年较差在3~10℃左右,春秋季极短。

(8)热带干旱半干旱气候

分布在副热带及信风带的大陆中心和大陆西岸。在南、北半球各约以回归线为中心向南北伸展,平均位置大致在南北纬15°—25°之间。因干旱程度和气候特征不同,可分为热带干旱气候(5a)、热带(西岸)多雾干旱气候(5b)和热带半干旱气候(5c)三个亚型。5a、5c是热带大陆气团的源地,气温年较差、日较差都很大。5a终年受副热带高压下沉气流控制,因此降水量极少。5c位于5a的外缘,大半年时间受副热带高压控制而干燥少雨,在太阳高度角大的季节,赤道低压槽移来,有对流雨,因此出现一短暂的雨季。5b 位于热带大陆西岸,有冷洋流经过,终年受海洋副热带高压下沉气流影响,多雾而少雨,降水量极小,但气温较凉,气温年较差、日较差皆很小。

(9)中纬度气候

中纬度是热带气团和极地气团相互角逐的地带。影响气候的主要环流系统有极锋、盛行西风、温带气旋和反气旋、副热带高压和热带气旋等。该地带一年中辐射能收支差额的变化比较大,因此四季分明,最冷月的平均气温在 15～18℃ 以下,有 4～12 个月平均气温在 10℃ 以上。全年可能蒸发量在 525～1300 毫米之间。天气的非周期性变化和降水的季节变化都很显著。再加上北半球中纬度地带大陆面积较大,受海陆的热力对比和高耸庞大地形的影响,使得本气候带更加错综复杂。本气候带共分 8 个气候型。

(10)副热带干旱半干旱气候

分布在热带干旱气候向高纬度的一侧,约在南北纬 25°—35° 的大陆西岸和内陆地区。它是在副热带高压下沉气流和信风带背岸风的作用下形成的。因干旱程度不同可分为干旱 6a 与半干旱 6b 两亚型。

6a 副热带干旱气候具有少云、少雨、日照强和夏季气温特高等特征。但凉季气温比 5a 型低,气温年较差较 5a 型大,达 20℃ 以上。凉季有少量气旋雨,土壤蓄水量略大于 5a 型。6b 副热带半干旱气候位于 6a 区外缘。夏季气温比 6a 型低,冬季降水量比 6a 型稍多。

(11)副热带季风气候

分布于副热带亚欧大陆东岸,约以 30°N 为中心,向南北各伸展 5° 左右。这里是热带海洋气团与极地大陆气团交绥角逐的地带,夏秋季节又受热带气旋活动的影响,因此夏热湿、冬温干,最热月平均气温在 22℃ 以上,最冷月平均气温在 0～15℃ 左右,气温年较差约在 15～25℃ 左右。降水量在 750～1000 毫米以上。夏雨较集中,无明显干季。四季分明,无霜期长。

(12)副热带湿润气候

分布于南北美洲、非洲和澳大利亚大陆副热带东岸,约为南北纬 20°—35°。冬季受极地大陆气团影响,夏季受海洋高压西缘流来的潮湿海洋气团的控制。由于所处大陆面积小,未形成季风气候。冬夏温差比季风区小,降水的季节分配比季风区均匀。

(13)副热带夏干气候(地中海型气候)

分布于副热带大陆西岸 30°—40°N 之间的地带。这里受副热带高压季节移动的影响,在夏季正位于副高中心范围之内或在其东缘,气流是下沉的,因此干燥少雨,日照强烈。冬季副高移向较低纬度,这里受西风带控制,锋面、气旋活动频繁,带来大量降水。全年降水量在 300～1000 毫米左右。冬季气温比较暖和,最冷月平均气温在 4～10℃ 左右。因夏季气温不同,分为两个亚型。9a 凉夏型,贴近冷洋流海岸,夏季凉爽多雾,少雨,最热月平均气温在 22℃ 以下,最冷月平均气温在 10℃ 以上。9b 暖夏型,离海岸较远,夏季干热,最热月平均气温在 22℃ 以上,冬季温和湿润,气温年较差稍大。

(14)温带海洋性气候

分布在温带大陆西岸纬度约40°—60°的地带。这里终年盛行西风,受温带海洋气团控制,沿岸有暖洋流经过。冬暖夏凉,最冷月平均气温在0℃以上,最热月平均气温在22℃以下,气温年较差小,约在6~14℃左右。全年湿润有雨,冬季较多。年降水量750~1000毫米左右,迎风山地可达2000毫米以上。

(15)温带季风气候

分布在亚欧大陆东岸纬度约35°—55°的地带。这里冬季盛行偏北风,寒冷干燥,最冷月平均气温在0℃以下,南北气温差别大。夏季盛行东南风,温暖湿润,最热月平均气温在20℃以上,南北温差小。气温年较差比较大,全年降水量集中于夏季,降水分布由南向北,由沿海向内陆减少。天气的非周期性变化显著,冬季寒潮爆发时,气温在24小时内可下降超过10℃甚至20℃。

(16)温带大陆性湿润气候

分布在亚欧大陆温带海洋性气候区的东侧,北美100°W以东的温带地区。冬季受极地大陆气团控制而寒冷,有少量气旋性降水。夏季受热带海洋气团的侵入,降水量较多,但不像季风区那样高度集中。这里季节鲜明,天气变化剧烈。

(17)温带干旱半干旱气候

温带干旱半干旱气候分布在35°—50°N的亚洲和北美洲大陆中心部分。由于距离海洋较远或受山地屏障,受不到海洋气团的影响,终年都在大陆气团的控制下,因此气候干燥,夏热冬寒,气温年较差很大。因干旱程度不同可分为温带干旱气候(13a)和温带半干旱气候(13b)两个亚型。

(18)高纬度气候

高纬度气候带盛行极地气团和冰洋气团。冰洋锋上有气旋活动。这里地气系统的辐射差额为负值,所以气温低,无真正的夏季。空气中水汽含量少,降水量小,但蒸发弱,年可能蒸发量小于52.5毫米。本带可分为三个气候型。

(19)副极地大陆性气候

分布在50°N或55°—65°N的地区。这里年可能蒸发量在35毫米到52.5毫米之间。冬季长,一年中至少有9个月为冬季。冬季黑夜时间长,正午太阳高度角小,在欧亚大陆中部和偏东地区又为冷高压中心,风小、云少,地面辐射冷却剧烈,大陆性最强,冬温极低。夏季白昼时间长,7月平均气温在15℃以上,气温年较差特大。全年降水量甚少,集中于暖季降落,冬雪较少,但蒸发弱,融化慢,每年有5~7个月的积雪覆盖,积雪厚度在600~700毫米左右,土壤冻结现象严重。由于暖季温度适中,又有一定降水量,适宜针叶林生长。

(20)极地苔原气候

分布在北美洲和欧亚大陆的北部边缘、格陵兰沿海的一部分和北冰洋中的若干岛屿中。在南半球则分布在马尔维纳斯群岛(福克兰群岛)、南设得兰群岛和南奥克尼群岛等地。年可能蒸发量小于35毫米。全年皆冬,一年中只有1~4个月月平均气温在0~10℃。其纬度位置已接近或位于极圈以内,所以极昼、极夜现象已很明显。在极夜期间气温很低,但邻近海洋气温比副极地大陆性气候稍高。最冷月平均气温在$-20 \sim -40℃$之间。最热月平均气温在$1 \sim 5℃$。在7月、8月,夜间气温仍可降到0℃以下。在冰洋锋上有一定降水,一般年降水量在$200 \sim 300$毫米左右。在内陆地区尚不足200毫米,大都为干雪,暖季为雨或湿雪。由于风速大,常形成雪雾,能见度不佳,地面积雪面积不大。自然植被只有苔藓、地衣及小灌木等,构成了苔原景观。

(21) 极地冰原气候

分布在格陵兰、南极大陆和北冰洋的若干岛屿上。这里是冰洋气团和南极气团的源地,全年严寒,各月平均气温皆在0℃以下,具有全球的最低年平均气温。一年中有长时期的极昼、极夜现象。全年降水量小于250毫米,皆为干雪,不会融化,长期累积形成很厚的冰原。长年大风,寒风夹雪,能见度恶劣。

(22) 高地气候

在高地地带随着高度的增加,气候诸要素也随着发生变化,导致高山气候具有明显的垂直地带性。为了区分因高度影响和因纬度等因素影响的气候,也因为高山气候仅限于局部范围,所以高地气候单列为一大类而没有包括在低地分类系统内。

高山气候具有明显的垂直地带性,这种垂直地带性又因高山所在地的纬度和区域气候条件而有所不同,其特征如下。

1) 山地垂直气候带的分异因所在地的纬度和山地本身的高度差异在低纬山地、山麓为赤道或热带气候,随着海拔的增加,地表热量和水分条件逐渐变化,垂直气候带依次发生。这种变化类似于低地随纬度的增加而发生的变化。如果山地的纬度较高,气候垂直带的分异就减少。如果山地的高差较小,气候垂直带的分异也就较小。

2) 山地垂直气候带具有所在地大气候类型的"烙印"。

3) 湿润气候区山地垂直气候的分异主要以热量条件为垂直差异的决定因素而干旱半干旱气候区,山地垂直气候的分异,与热量和湿润状况都有密切关系。这种地区的干燥度都是山麓大,随着海拔的增高,干燥度逐渐减小。

4) 同一山地还因坡向、坡度及地形起伏、凹凸、显隐等局地条件不同,气候的垂直变化各不相同,山坡暖带、山谷冷湖即为一例。山地气候确有"十里不同天"之变。

5) 山地的垂直气候带与随纬度而异的水平气候带在成因和特征上都有所不同。

(23) 太阳黑子

太阳黑子是出现在太阳大气底层至光球层上的巨大气流旋涡,是太阳活动的最明显标志之一。黑子形状各异,大小不一。有些以单个出现,而更多的则成群结队组成黑子群。太阳黑子究竟是怎么一回事?其实,黑子是相对光耀夺目的太阳而言,本身并不黑。因为它的温度仍有4000多摄氏度,仅比太阳光球温度低1000多摄氏度。另外,太阳黑子可能是一种带电物质的旋涡气团,而且有很强的磁场,可能比周围物质的磁场强度高1000倍左右。虽然人们观测黑子的历史十分悠久,仔细研究也已有100多年,但关于黑子的许多奥秘还远未揭开。

(24)温室效应

又称"花房效应",是大气保温效应的俗称。大气能使太阳短波辐射到达地面,但地表向外放出的长波热辐射却被大气吸收,这样就使地表与低层大气温度增高,因其作用类似于栽培农作物的温室,故名温室效应。如果大气不存在这种效应,那么地表温度将会下降约330℃或更多。反之,若温室效应不断加强,全球温度也必将逐年持续升高。自工业革命以来,人类向大气中排入的二氧化碳等吸热性强的温室气体逐年增加,大气的温室效应也随之增强,已引起全球气候变暖等一系列严重问题,引起了全世界各国的关注。

(25)"厄尔尼诺"现象

"厄尔尼诺"是西班牙语,意思是"圣婴""上帝之子"。厄尔尼诺现象是指东太平洋沿岸以及秘鲁和厄瓜多尔沿海海水温度骤然升高的一种现象。厄尔尼诺现象出现时,东太平洋沿岸以及秘鲁和厄瓜多尔沿海海水温度比正常年份高出大约4℃。后来一些气象学家发现厄尔尼诺现象出现时,在赤道以北活动的东北信风带突然变成弱的西风带,因此使海洋中的暖洋流发生变化,从而导致中东太平洋海水温度骤然升高。有人认为它是因为火山运动引起的,还有人认为是由于太阳黑子活动引起的,至今尚无定论。但有一点是肯定的,厄尔尼诺现象发生的频率越来越多,从原来每七八年发生一次到现在的每三四年发生一次。

(26)"拉尼娜"现象

它也被称为反厄尔尼诺现象。拉尼娜是东太平洋水温反常变化的一种现象,其特征恰好与厄尔尼诺相反,指的是洋流水温反常下降。拉尼娜与厄尔尼诺现象已都成为预报全球气候异常的最强信号。拉尼娜现象是由前一年出现的厄尔尼诺现象造成的庞大冷水区域在东太平洋浮出水面后形成的。因此拉尼娜现象总是出现在厄尔尼诺现象之后。20 世纪 80—90 年代,先后在 1984—1985 年、1988—1989 年和 1995—1996 年出现过拉尼娜现象。

B.1.4 天气现象用语

(1)天气预报

天气预报就是对未来时期内天气变化的预先估计和预告。"天有不测风云"这句话充分说明了天气预报的难度。随着科学技术的发展,天气预报的准确率在不断提高,人们根据天气预报,可以适时安排生产和生活,使气象为国民经济建设服务,减少气象灾害的损失。

天气预报是根据大气科学的基本理论和技术对某一地区未来的天气作出分析和预测,这是大气科学为国民经济建设和人民生活服务的重要手段,准确及时的天气预报对于经济建设、国防建设的趋利避害十分重要。

(2)天气预报分类

天气预报按时限分:3 天以内为短期天气预报,3~10 天为中期天气预报,月、季为短期气候预测,1~2 小时之内则为临近天气预报。

天气预报的主要方法:目前天气学方法以天气图为主,配合气象卫星云图、雷达等资料;数值天气预报以计算机为工具,通过解流体力学、热力学、动力气象学组成的预报方程,来制作天气预报;统计预报以概率论数理统计为手段作天气预报。以上各种有时互相配合、综合应用,并广泛采用计算机作为工具。

(3)天空状况

气象台(站)每天在气象广播中提到晴天、多云、多云转阴等天空状况。它是以天空中云的分量占整个天空的比例(称之为云量)作为区分标准的。估计云量时,通常把所在地的天空分成十等分。如果有 2/10 的天空被云遮掩,那云量就是二成;如果有 5/10 的天空被云遮掩,那云量即为五成。按照这种标准,将天空状况搬分为四种情况:

晴天:云量小于或等于二成,光照充足;

阴天:云量在九成以上或盖满全天,见不到太阳;

少云:云量在三成至五成之间(包括三成与五成在内),光照比较充足;

多云:云量在六成至八成之间(包括六成及八成在内),光照不足,但能见到太阳光。

在发播天气预报时,常常使用"到"和"转"两字,如"晴到多云",表示天空状况在晴天与多云之间变化,时为晴天、时为多云。又如"多云转阴",则表示天空状况将中云量为多云逐渐增多布满全天。

(4)雨量和雪量

雨量是空中降落到地面的降水量。常以地表水平面上未经流失、蒸发的雨水厚度表示,单位是毫米。以每亩地的面积约为 666.7 米^2 计算。下 1 毫米的雨就等于每亩地里浇了 666.7 千克(约 13 担多)的水。至于降雪量,则是指将地面上所积的雪融化为水层厚度来表示的。

毛毛雨:由极细小的雨滴组成,肉眼几乎不能分辨其下落的情况。

零星小雨:降水的空间分布十分稀散的小雨,有的地方偶然下一会儿,有的地方不下。

间断小雨:下小雨的时间不持续,有时下,有时不下。

小雨:雨点清晰可辨,下到地面可见湿斑,可听到屋上有微弱的雨滴声。12 小时内,雨量不超过 5 毫米,或 24 小时内,雨量在 10 毫米以下。

中雨:雨落如线,雨滴密而不易分辨,落地四溅,可听到屋顶上有沙沙的落雨声。12 小时内,雨量在 5.0~14.9 毫米之间,24 小时内,雨量在 10.0~24.9 毫米之间。

大雨:降雨如倾盆,模糊不清,雨滴落地溅得比较高,洼地很快积水。12 小时内,雨量在 15.0~29.9 毫米之间,24 小时内,雨量在 25.0~49.9 毫米之间。

暴雨:雨声猛烈,积水特别快,下水道往往来不及排泄而发生外溢现象,12 小时内,雨量在 30.0~69.9 毫米之间,或 24 小时内,雨量在 50.0~99.9 毫米。

大暴雨和特大暴雨:24 小时雨量 100.0~249.9 毫米的为大暴雨;超过 250.0 毫米的为特大暴雨。这两种暴雨强度大、时间短,常会引起江河水位猛涨,有的甚至会造成山洪暴发,冲毁房子,淹没良田。

阵雨:降雨来得突然,强度变化大;说停就停,说下就下,时间较短。

雷阵雨:伴有闪电或雷声的阵雨。雷雨:既打雷又下雨的降水。

小雪:下雪时,能见度在 1000 米以外,24 小时内降雪量在 0.1～2.4 毫米。

中雪:下雪时,能见度在 500～1000 米之间,24 小时内的降雪量在 2.5～4.9 毫米。

大雪:下雪时,能见度在 500 米以内,24 小时内的降雪量为 5.0～9.9 毫米。

(5)风向、风力和阵风

风向:指的是风的来向。气象上一般按东、南、西、北及东北、东南、西北、西南八个方位表示。也有按十六个方位来表示的,此外,在气象广播中,经常可以听到偏东风、偏南风、偏西风和偏北风等。那是指来向分别以东、南、西或北为主的风;这只是为方便而作的称呼,并没有很严格的规定。

风力:气象上把风的大小分成 0～17 共 18 个等级。

阵风:一阵大一阵小,风力在短时间内强度变化很大的风叫阵风。在气象广播中常以瞬间的最大风力表示。例如,气象台、站预报今天偏东风 5～6 级,阵风 7 级。意思是说今天偏东风的平均风力为 5～6 级,而瞬间最大的风力有 7 级。

B.2 人工影响天气

应用大气物理学的基本原理和工程技术方法,针对自然天气过程中某些环节进行人工干预,促使自然天气过程朝有利于人类生产、生活的方向变化,以克服或减轻恶劣天气引发的灾害,这种改造自然的科学技术措施称人工影响天气。由于天气过程的能量十分巨大,一个 10 千米^3 的云体,其含水量的凝结潜热相当于 10 万吨煤燃烧发出的热量,而一个台风的水汽每分钟释放的潜热,便相当于 20 个百万吨级核弹爆炸所释放的能量数。因此直接制造和消灭一个天气过程是不可能的,比较现实的做法是在云中降水和其他过程中某些关键环节,施放一些催化剂,因势利导,促使天气过程按预定方向发展,以少量代价换取巨大经济效益。

中国人从 17 世纪至今的土炮、火炮消雹,便是人工影响天气的例子。目前正在各国试验的人工影响天气项目有:人工降水、人工消雾、人工防雹、人工削弱台风、人工消云、人工防霜冻、人工抑制雷电等。我国从 20 世纪 50 年代开始,至今已在大多数省(自治区、直辖市)开展了人工影响天气试验。世界上第一次对自然云作人工催化试验则是 1946 年美国 V.J. 谢费尔等进行的,从那时起至今,全世界已有 80 多个国家与地区开展过人工影响天气试验。

B.2.1 人工增雨

人工降水也称人工增雨,是根据不同云层的物理特性,选择合适时机,用飞机、火箭弹向云中播散干冰、碘化银、盐粉等催化剂,促使云层降水或增加降水量。人工增雨常分为暖云催化剂增雨与冷云催化剂增雨。欲要暖云(温度高于 0℃的云)降水,就得使云中半径大于 0.04 毫米的大云滴有足够的数密度,让它们迅速与小云滴碰并增长,成为半径超过 1.0 毫米的雨滴形成降水。因此在那些大云滴数密度小而无法形成降雨的暖云中,用飞机、炮弹携带等方法,播撒盐粉、尿素等吸湿性粒子,使形成许多大云滴,便可导致形成或增加降水。欲要冷云降水,就得使冷云上部的冰晶数密度超过1个/升,对那些冰晶数密度不足的冷云,用飞机等播撒干冰、碘化银等催化剂,便可产生大量冰晶,促成或增加降水。为了弄清楚人工催化剂的效果,弄清人工增雨量的多少,常常要进行检验。由于云和降水过程十分复杂,使人工降水和降水检验的方法措施还都很不完善,有待进一步深入研究。

B.2.2 人工消雾

大雾降低能见度、影响飞机起降、容易引发严重交通事故,人类希望能适时进行人工消雾。我们把用人工播撒催化剂、人工扰动空气混合或在雾区加热等方法使雾消散,称为人工消雾。人工消雾分为人工消暖雾(雾区温度高于0℃)和人工消过冷雾(雾区气温低于0℃,雾滴为过冷却水滴等)。目前有三种消暖雾试验方法。①加热法:对小范围区域雾区如机场跑道等,大量燃烧汽油等燃料,加热空气使雾滴蒸发而消失。②吸湿法:播撒盐、尿素等吸湿质粒作催化剂,产生大量凝结核,水汽在凝结核上凝结长成大水滴,雾滴会蒸发并在大水滴上凝结,使雾消失。③人工扰动混合法:用直升机在雾区顶部搅拌空气,把雾顶以上干燥空气驱下来与雾中空气混合,雾便消失。人工消过冷雾的方法是用飞机或地面设备,将干冰、液化丙烷等催化剂播撒到雾中,产生大量冰晶,它们通过贝吉龙冰水转化过程,夺取原雾滴的水分,雾滴便蒸发而冰晶不断长大降落地面,雾便消失。这种方法效果显著,已能实际应用。

B.2.3 人工防雹

用人工方法使雹云不能降冰雹,或减弱雹强度的措施,称人工防雹或人工抑雹。中国人很早以前就使用土炮防雹,17世纪末的《广阳杂记》对土炮防雹就有明确记载。20世纪50年代以后,包括我国在内的许多国家开展了防雹试验。通过气象雷达或有经验的观测者目视,识别出冰雹云(比一般雷雨云发展更旺盛、厚度更大、闪电更频繁等),然后采用如下两类方法防雹:①播催化剂法,用火箭、高炮、飞机等把碘化银播撒到雹云中,产生大量冰核进而形成大量人工雹胚胎,它们与云中原来的冰雹胚胎争夺水分,使之都不能长大成对人畜与作物产生危害的大雹块,在落出云底后还可能逐渐融化成雨滴;②爆炸法,用高射炮、土炮或火箭等,向雹云的中、下部轰击,往往亦可使雹云不降雹,或在下风向区降小雹,这样便能抑制雹灾。这种方法在国内被较普遍采用,其防雹的物理机制尚待进一步研究。

B.2.4 人工消云

用人工方法使局部区域云层消散的措施,称人工消云。大型运动会或某些航空活动等,有时希望晴朗无云,便可进行人工消云试验。人工消云分为:人工消冷云和人工消暖云。人工消冷云的方法是:播撒碘化银等人工冰核或播撒干冰等催化剂,产生大量冰晶,使之通过贝吉龙冰水转化过程,原云中的过冷却水滴(云滴)蒸发消失,水分转移到冰晶上经凝华冻结,冰晶长大成降水粒子,下降离开云体,使云消散。人工消暖云的方法是:向云中播散盐粉、尿素等吸湿性粒子,这些吸湿性凝结核吸收水汽凝结长大,然后与原来云滴碰并长大,降出云外,使云消散。此外,还试验过消除积云的方法:在积云顶部摇撒盐粒、水滴、沙子等质粒,有时也观测到云消散,其原理尚待研究。一般说来,所有人工消云方法均不够完善,尚没有达到实际应用阶段。

B.2.5 人工防霜冻

用人工方法提高近地面气层和土壤表面温度,使作物和苗木等免受冻害的措施,称人工防霜冻。常有以下五类方法。

(1)烟雾法,用柴草或废柴油等燃烧产生烟雾,以抑制地表面长波辐射降冷,还使水汽在烟粒上凝结而释放潜热,从而达到增温防霜冻。

(2)扰动混合法,晴夜的近地层常为逆温层,用吹风机吹风搅动,把上面暖空气搅动向下混合,达到提高下层温度以防霜冻。

(3)灌水法与洒水法:寒潮来临前,给作物灌水,可防霜冻。可在作物表面连续洒水,使作物表面一层水膜在结冰时释放潜热,以达到保护作物不受霜冻之害。

(4)加热法,在果园或珍贵作物园,摆许多加热炉直接加热空气以防霜冻。此法成本较高。

(5)覆盖法,用农用薄膜覆盖小区域作物,阻止长波辐射降温,可防霜冻。

B.2.6 播云(雾)催化剂

人工影响天气过程中,为改变云(雾)微结构与演变过程,向云(雾)中播撒的物质,称播云(雾)催化剂。选用催化剂必须考虑有效、经济、不污染环境、容易播撒、安全无毒害等。当今所用催化剂有三类:①吸湿性巨核,包括盐(NaCl)、氯化钙、尿素和液水等,它们常用于对暖云的催化剂。②制冷剂,包括干冰(固体CO_2)、液态丙烷、液氮、液态空气等,它们常用于对冷云作催化。投入冷云后,将使它们周围空气急速降冷,产生大量冰晶胚胎,并进一步生成冰晶。以干冰为例,实验室结果是:每1克干冰可产生1万亿个冰晶。③人工冰核,包括碘化银(AgI)等无机冰核及介乙醛等有机冰核,其中以碘化银最常用。它们常用于冷云增雨和防雹试验中,把它们播入云层,使云增加大量冰核,进而生成大量冰晶,造成增雨或消雹的效果。

B.3 二十四节气

二十四节气起源于黄河流域。远在春秋时代,就定出仲春、仲夏、仲秋和仲冬四个节气。之后不断地改进与完善,到秦汉年间,二十四节气已完全确立。公元前104年,由邓平等制定的《太初历》,正式把二十四节气订于历法,明确了二十四节气的天文位置。

太阳从黄经零度起,沿黄经每运行15度所经历的时日称为"一个节气"。每年运行360

度,共经历 24 个节气,每月 2 个。二十四节气反映了太阳的周年视运动,所以节气在现行的公历中日期基本固定,上半年在 6 日、21 日,下半年在 8 日、23 日,前后相差 1~2 天。

(1)反映季节

二分(春分、秋分)、二至(夏至、冬至)和四立(立春、立夏、立秋、立冬)。二分、二至是太阳高度变化和季节的转折点。四立分别表示四季的开始。

(2)反映气候特征

冷热:小暑、大暑、处暑、小寒、大寒五个节气,反映一年中最热、最冷时期来临以及寒暑变化。

降水:雨水、谷雨、小雪、大雪四个节气,表明降水、降雪的时间和强度。

此外,白露、寒露、霜降三个节气表示低层大气中水汽凝结、凝华现象,也反映出温度逐渐下降的过程和每个节气温度下降的程度。先是温度开始降低,水汽凝露较多;以后温度下降更甚,不仅露更多,而且凉起来,但还未结冰;最后温度降至 0℃以下,水汽凝华为霜。从农业生产上看,这三个节气的热量意义大于它们的水分意义,具体而生动。

(3)反映物候现象

小满、芒种反映有关作物的成熟和收成情况。惊蛰、清明反映自然物候现象,尤其是惊蛰,它用天上的初雷和地下蛰虫的复苏,向天地万物通报春回大地的信息。

(4)节气的安排及含义

立春 2 月 3—5 日,太阳达黄经 315 度。"立"是开始的意思,表示万物复苏的春天又开始了,天气回暖,万物更新,是农事活动开始的标志。这一天春季开始。

雨水 2 月 18—20 日,太阳移至黄经 330 度。表示气候逐渐回暖,冰雪融化,雨水逐渐增多,空气湿度不断增大,但冷空气活动仍十分频繁。

惊蛰 3 月 5—7 日,太阳移至黄经 345 度。春雷开始轰鸣,惊醒了蛰伏在泥土里冬眠的昆虫和小动物,过冬的虫卵快要孵化了,这个节气表示春意渐浓,气温升高,但乍寒乍暖,气温和风的变化都较大。

春分 3 月 21—22 日,太阳移至黄经 360 度,阳光直照赤道。"分"是"半"的意思,这是春季九十天的中分点,叫春分,这一天昼夜相等,我国广大地区越冬作物进入春季生长阶段。

清明 4 月 5—6 日,太阳移至黄经 15 度。这个节气表示气温已变暖,草木萌动,自然界出现一片清秀明朗的景象。

谷雨 4 月 19—21 日,太阳移至黄经 30 度。"雨生百谷",这一天起雨量增多,对谷物生长有利。

立夏 5 月 5—6 日,这个节气表示夏季开始,万物生长,炎热的天气将要来临,农事活动也已进入夏季欣欣向荣的繁忙季节了。

小满 5 月 20—22 日,"满",饱满,麦类等夏熟作物籽粒逐渐饱满,但未成熟。

芒种 6 月 5—7 日,此时太阳移至黄经 75 度。"芒"是指壳实尖端的细毛,在北方是割麦种稻的时候,也是耕种最忙的时节,需要及时进行夏收、夏管和夏种了。

夏至 6 月 20—22 日，此时太阳移至黄经 90 度，日光直射北回归线，出现"日北至，日长至，日影短至"，故曰"夏至"。这一天北半球白天最长，黑夜最短，表示盛夏就要来临，气温将继续升高。

小暑 7 月 6—8 日，太阳达黄经 105 度，入暑，标志着我国大部分地区进入炎热季节。

大暑 7 月 22—24 日，此时太阳已达 120 度，正值中伏前后。这一时期是我国广大地区一年中最炎热的时期，但也有"大暑不热"、雨水偏多的反常年份。

立秋 8 月 7—9 日，此时太阳移至黄经 135 度。这个节气表示炎热的夏季将过，天高气爽的秋天开始，草木开始结果，到了收获季节。

处暑 8 月 22—24 日，"处"是终止的意思，表示炎热即将过去，暑气于这一天结束，我国大部分地区气温逐渐下降。由于正值秋收之际，降水十分宝贵。

白露 9 月 7—9 日，此时太阳达黄经 165 度，由于太阳直射点明显南移，各地气温下降很快，天气凉爽，晚上贴近地面的水汽在草木上结成白色露珠，由此得名"白露"。

秋分 9 月 22—24 日，太阳移至黄经 180 度，日光直射点又回到赤道，这是秋季 90 天的中分点，这一天昼夜再次相等，从这一天后，北半球日短夜长。

寒露 10 月 8—9 日，太阳移至黄经 195 度。此时太阳直射点开始向南移动，北半球气温继续下降，天气更冷，露水有森森寒意，故名为"寒露风"。这个节气表示冬季的开始，预示气候的寒凉程度将逐渐加剧。

霜降 10 月 23—24 日，此时太阳达黄经 210 度。黄河流域初霜期一般在 10 月下旬，与"霜降"节令相吻合，霜是地面的水汽遇到寒冷天气凝结而成的，所以，霜降并不是降霜，是由天气寒冷造成，对生长中的农作物危害很大。

立冬 11 月 7—8 日，太阳移至黄经 225 度，这一天起冬天开始。

小雪 11 月 22—23 日，此时太阳达到黄经 240 度，北方冷空气势力增强，气温迅速下降，降水出现雪花，但此时为初雪阶段，雪量小，次数不多，黄河流域多在"小雪"节气后降雪。

大雪 12 月 6—8 日，降雪天数和降雪量比小雪节气增多，地面渐有积雪。

冬至 12 月 21—23 日，太阳移至黄经 270 度，此时太阳几乎直射南回归线，北半球则形成了"日南至、日短至、日影长至"，成为一年中白昼最短的一天。冬至以后北半球白昼渐短，气温持续下降，并开始进入数九寒天。

小寒 1 月 5—7 日，这个节气表示开始进入冬季最寒冷的季节，会有霜冻。

大寒 1 月 20—21 日，天气冷到极点，到了天寒地冻的时期，是一年中最冷的时节。

B.4　气象常用公式换算和数据

虽然现在基本实现了世界范围的单位统一，但是依然由于历史等原因，使我们还需要知道一些不同的单位之间的关系（指同一的量纲下的不同单位的换算）。这些都以表格的形式给出。它们包括长度、面积、体积、能量、温度、时间 6 项。

表 B.2　长度单位的换算表

	mm	cm	m	km	in	ft	mile
毫米(mm)	1	0.1	0.001	10^{-6}	0.039370	0.0032808	6.2137×10^{-7}
厘米(cm)	10	1	0.01	10^{-5}	0.39370	0.032808	6.2137×10^{-6}
米(m)	1000	10	1	0.001	39.370	3.2808	6.2137×10^{-4}
千米(km)	10^6	10^5	1000	1	39370	3280.8	0.62137
英寸(in)	25.4	2.54	0.0254	2.54×10^{-5}	1	0.083333	1.5783×10^{-5}
英尺(ft)	304.8	30.48	0.3048	3.084×10^{-4}	12	1	1.8939×10^{-4}
英里(mile)	1.6093×10^6	1.6093×10^5	1609.3	1.6093	63360	5280	1

说明：用左侧的单位乘表中央所对应单位的数，就得到右表单位下的数。如 2 英寸：2×2.54＝5.08，即 5.08 厘米。

另外航海用 1 海里(nmile)＝1852 米(m)，表示波长或者微粒有时用 10^{-10} 米，称为埃(Angstrom,Å)。

表 B.3　面积单位的换算表

	cm²	m²	hm²	km²
平方厘米(cm²)	1	10^{-4}	10^{-8}	10^{-10}
平方米(m²)	10^4	1	10^{-4}	10^{-6}
公顷(hm²)	10^8	10^4	1	0.01
平方千米(km²)	10^{10}	10^6	100	1

说明：用左侧的单位乘表中央所对应单位的数，就得到右表单位下的数。如 2 公顷＝2×10^4 米²，即 2 公顷是 2 万米²。

1 亩≈666.7 米²，1 公顷＝15 亩。

表 B.4　体积单位的换算表

	cm³	L	m³	km³
立方厘米(cm³)	1	0.001	10^{-6}	10^{-15}
升(L)	1000	1	0.001	10^{-12}
立方米(m³)	10^6	1000	1	10^{-9}
立方千米(km³)	10^{15}	10^{12}	10^9	1

表 B.5　能量单位的换算表

	J	kW·h	cal
焦耳(J)	1	2.7778×10^{-7}	0.23885
千瓦时(kW·h)	3.6×10^6	1	8.5985×10^5
卡(cal)	4.1868	1.1603×10^{-6}	1

热力学温度(开尔文，开，绝对温度)K，华氏温度 °F，摄氏温度 ℃，都有一定的应用领域，它

们的换算见表 B.6。

表 B.6 温度单位的换算表

	K	℉	℃
热力学温度(K)	1	(9/5)K－459.67	K－273.15
华氏温度(℉)	(5/9)(℉＋459.67)	1	(5/9)(℉－32)
摄氏温度(℃)	℃＋273.15	(9/5)℃＋32	1

计量时间的单位是秒(s),但是分(min)、小时(h)、日(d)和年(a)等也是时间单位而且与"秒"并不是十进位的关系。表 B.7 给出了它们的换算关系。"月"也是时间单位,但是它有大小月问题,所以没有正式列入本表。

表 B.7 时间单位的换算表

原来的单位	换算后的单位(其数值就是原数值乘上表里给的数,如原为 1 分钟,可以换算为 60 秒)				
	s	min	h	d	a
秒(s)	1	0.016667	2.778×10^{-4}	1.1574×10^{-5}	3.1710×10^{-8}
分(min)	60	1	0.016667	6.9444×10^{-4}	1.9023×10^{-6}
小时(h)	3600	60	1	0.041667	1.1416×10^{-4}
天(d)	86400	1440	24	1	0.0027397
年(a)	31536000	525600	8760	365	1

不同量纲下的单位换算比相同单位的换算复杂一些,它是物理学的基本运算。下面举个例子:轮船两小时航行了 30 海里,试以米每秒表示其平均速度 v。

30 海里＝30nmile＝30×1852 米＝55560 米,

2 小时＝2×60 分钟＝2×3600 秒＝7200 秒,

v＝(距离/时间)＝(L/T)＝(55560 米/7200 秒)＝7.7 米/秒,

即轮船的平均速度为 7.7 米/秒。

表 B.8 气象常用数据表

光速(真空)	2.99792458×10^{8} 米/秒＝30 万千米/秒
大气中的声速(0℃)	331.36 米/秒
大气中的声速(常温)	340 米/秒
普朗克常数(h)	6.626176×10^{-34} 焦·秒
玻尔兹曼常数(K)	1.380662×10^{-23} 焦/开
斯蒂芬-玻耳兹曼常数(σ)	5.67032×10^{-8} 瓦/(米^2·开^4)
维恩位移定律常数	0.2898×10^{-2} 米·开
阿伏伽德罗常数	6.022045×10^{23} 摩$^{-1}$
洛施密特常量(标准状态)	2.686781×10^{19} 分子/厘米^3

续表

热功当量	4.18683 焦/卡 *
功热当量	2.38844×10^{-8} 卡/尔格 **
水银密度（标准状态）	13.595080 克/厘米^3
电子电荷（e）	$-1.60211917 \times 10^{-19}$ 库
干空气分子量	28.966 克/摩
水（冰或水汽）分子量	18.016 克/摩
氮（N_2）分子量	28.0134
二氧化碳（CO_2）分子量	44.010
氧（O）原子量	15.999
氮（N）原子量	14.0067
氯化钠（NaCl）分子量	58.443
碘化银（AgI）分子量	234.773
氢（H_2）分子量	2.0158
理想气体在标准温度、气压下的克分子体积	22.41383×10^{-3} 米^3/摩
气体普适常数（R）	8.31441 焦/（开·摩）
干空气比气体常数（R_d）	287.04 焦/（开·千克）
水汽比气体常数（R_v）	461.5 焦/（开·千克）
干绝热温度直减率（γ_d）	9.76℃/千米
对流层平均气温直减率（γ）	6.5℃/千米
干空气定压比热（C_{pd}）	0.2403×10^3 卡/（开·克）
干空气定容比热（C_{vd}）	0.7180×10^3 卡/（开·克）
干空气比热之比率（$K=C_{pd}/C_{vd}$）	1.401
干空气分子平均直径	3.46×10^{-10} 米
干空气分子平均自由程	6.98×10^{-8} 米
干空气分子均方根速度	4.85×10^2 米/秒
干空气热传导率	5.6×10^{-5} 卡/（厘米·秒·开）
干空气密度（标准状态）	1.2928 千克/米^3
干空气密度（0℃，1000 百帕）	1.276 千克/米^3
干空气折射率（$\lambda=589$ 微米）	1.0002919
大气折射常数（760 毫米，0℃）	60″.3
泊松方程常数（$K_d=R_d/C_{pd}$）	0.286
均质大气高度（标准状态）	7.991 千米
标准大气压	760 毫米汞柱＝1013.25 百帕（毫巴）
水的密度（0℃）	0.99987×10^3 千克/米^3
水的密度（4℃）	1.00000×10^3 千克/米^3

* 1 卡＝4.182 焦；** 1 尔格＝10^{-7} 焦。

续表

纯水平面上的饱和水汽压(0℃)	6.1078 百帕(hPa)
纯冰平面上的饱和水汽压(0℃)	6.1064 百帕(hPa)
绝对零度	−273.15℃
水的冰点	273.15 开＝0℃
水的三相点温度	273.16 开＝0.01℃
水的沸点(760 毫米汞柱)	100℃＝373.15 开
水的比热(15℃)	$1.002×10^3$ 卡/(克·℃)
水的绝对折射率	1.333
水的介电常数(0℃)	81.5
水的导热系数	$1.402×10^3$ 卡/(厘米·秒·开)
水的表面张力(0℃)	75.64 达因/厘米
水的表面张力(20℃)	72.75 达因/厘米
水汽定压比热(20~40℃)(C_{pv})	0.455 卡/(克·开)
水汽定容比热(20~40℃)(C_{pv})	0.335 卡/(克·开)
水汽潜热随温度变化率	0.57 卡/(克·开)
水的蒸发(水汽凝结)潜热(0℃)	597.40 卡/克
水的冻结(冰的融化)潜热	79.72 卡/克
冰的密度	$0.917×10^3$ 千克/米³
冰的比热	0.505 卡/(克·开)
冰的介电常数(−5℃)	2.8
冰的升华(汽化)潜热(0℃)	677.12 卡/克
全球平均地面大气电场强度	≈130 伏/米
全球晴天地面大气总电流	≈1800 安
地球总电荷	$≈5.7×10^5$ 库
大气总电阻	≈200 欧
地面与电导层之间的电位差	≈360000 伏
全球各地平均可同时观测到的雷雨	≈2200 个
全球平均每年发生的雷雨	$≈16×10^6$ 个
闪电中击穿电场强度	$≈10^3~10^4$ 伏/厘米
每次闪电放电量平均	≈20~30 库
每次闪电电流	≈20000 安
5 微米直径水滴下降末速	≈5 毫米/分
10 微米直径水滴下降末速	≈3 毫米/分
50 微米直径水滴下降末速	≈8 毫米/分
0.1 毫米(100 微米)直径水滴下降末速	≈30 毫米/分
0.5 毫米直径水滴下降末速	≈2.06 米/秒
1 毫米直径水滴下降末速	≈4.03 米/秒

续表

3毫米直径水滴下降末速	≈8.06 米/秒
5毫米直径水滴下降末速	≈9.09 米/秒
太阳平均半径	6.9599×10^5 千米
太阳表面积	6.087×10^{12} 千米^2
太阳体积	1.412×10^{18} 千米^3
太阳质量	1.9891×10^{30} 千克
太阳平均密度	1.409×10^3 千克/米^3
太阳表面有效温度	5770 开
太阳活动周期平均常长度	11.04 年
太阳表面重力加速度	2.7398×10^2 米/秒^2
太阳发出的辐射	3.83×10^{26} 焦/秒
太阳表面上的逃逸速度	617.7 千米/秒
在离开一个天文单位处太阳的重力加速度	0.5931×10^{-2} 米/秒^2
日地平均距离(一个天文单位)	1.4960×10^8 千米
近日点距离	1.4710×10^8 千米
远日点距离	1.5210×10^8 千米
在日地平均距离处太阳角半径	$959.63''=15.99$ 角分$=0.0046524$ 弧度$=16'$
黄赤交角(2000 年)	$23°26'21.448''$
1 光年	9.460536×10^{12} 千米$=6.32398\times10^4$ 天文单位
1 秒差距	3.085678×10^{13} 千米$=206264.8$ 天文单位$=3.261631$ 光年
1 恒星日	0.99726957 平太阳日$=23$ 时 56 分 04.0905 秒(平太阳时)
1 平太阳日	1.00273791 恒星日$=24$ 时 03 分 56.5554 秒(恒星时)
1 朔望月	29.530589 平太阳日$=29$ 日 12 时 44 分 2.976 秒(平太阳时)
1 回归年	365.24220 平太阳日$=365$ 日 5 时 48 分 46 秒
1 恒星年	365.25636 平太阳日
地球平均半径	6371.004 千米
地球赤道半径	6378.140 千米
地球极地半径	6356.755 千米
地球平均密度	5.518×10^3 千克/米^3
地球质量	5.974×10^{24} 千克
地球体积	1.083×10^{12} 千米^3
地球表面积	5.11×10^8 千米^2
地球陆地面积	1.49×10^8 千米^2(约为地球表面积的 29%)
地球海洋面积	3.62×10^8 千米^2(约为地球表面积的 71%)
地球南北纬 30°之间表面积	2.555×10^8 千米^2(约 1/2 地球表面积)
地球大气质量	5.136×10^{18} 千克
单位截面积大气柱质量	10350 千克/米^2

续表

地球自转角速度	7.2921152×10^{-5} 弧度/秒
地球自转轴的倾斜	$23°27'$
地球上的脱离速度	11.19 千米/秒
地球赤道上一点的自转速度	0.46510 千米/秒
地球赤道上的离心加速度	3.3915×10^{-2} 米/秒^2
地球公转沿黄道的平均速度	29.79 千米/秒
地球纬度 1° 平均距离	111.137 千米
地球赤道上经度 1° 距离	111.32 千米
万有引力常数	6.6720×10^{-11} 米^3/(秒^2·千克)
地球标准重力加速度	980.665 厘米/秒^2
地球赤道重力加速度	978.032 厘米/秒^2
地球极地重力加速度	983.218 厘米/秒^2
地球纬度 45° 处重力加速度	980.616 厘米/秒^2
地球在 50 千米高度处重力加速度	965.4 厘米/秒^2
地球在 100 千米高度处重力加速度	950.5 厘米/秒^2
地球上一个位势米	9.8 米^2/秒^2 = 9.8 焦/千克
在日地平均距离处垂直于太阳辐射方向的太阳能	1.98 卡/(厘米^2·分) = 1.38×10^3 瓦/米^2
月球平均半径	1738.2 千米
月球体积	2.200×10^{10} 千米^3
月球质量	7.351×10^{28} 千克(约为地球质量的 1.23%)
月球平均密度	3.341×10^3 千克/米^3
月球表面重力加速度	162.2 厘米/秒^2
月地平均距离	384401 千米 = 0.00257 天文单位 = 60.2682 地球赤道半径
在月地平均距离处月球角半径	$15'32''.6$
月球表面的脱离速度	2.4 千米/秒
月球轨道和黄道的交角	$5°8'43''$,并以 173 天周期摆动 $\pm 9'$
月球交点周期(章动周期逆行)	18.61 回归年
月球平均上(下)中天周期	24 小时 50.47 分
圆周率(π)	3.14159265……
1 弧度(弪)	$57°17'44.806'' = 57.2957795°$
1 度	$\pi/180° = 0.017453$(弧度)